中等职业学校公共基础课程教材

Information Technology

信息技术
学习辅导与练习
基础模块
（WPS Office｜下册）

任日葵 蔡雯云 白静雯 主编
杨小刚 周红颖 李小亚 刘玉洁 副主编

人民邮电出版社
北京

图书在版编目（CIP）数据

信息技术学习辅导与练习 ：基础模块. WPS Office. 下册 / 任日葵，蔡雯云，白静雯主编. -- 北京 ：人民邮电出版社，2024. 7. --（中等职业学校公共基础课程教材）. -- ISBN 978-7-115-64693-4

Ⅰ. TP3

中国国家版本馆 CIP 数据核字第 2024QF5998 号

内 容 提 要

本书是中等职业学校公共基础课程教材《信息技术（基础模块）（WPS Office）（下册）》的配套用书，依据教育部发布的《中等职业学校信息技术课程标准（2020 年版）》编写。全书共 5 个模块，包括数据处理、程序设计入门、数字媒体技术应用、信息安全基础、人工智能初步。每个模块均提供了大量与主教材内容匹配的练习题，包括选择题、填空题、判断题、简答题、操作题，在学习案例中还提供了思考题。本书题型经典、题量丰富，可以帮助学生快速、准确地巩固相关内容，提升信息技术应用能力。

本书适合作为中等职业学校信息技术课程教材的配套用书，也可供职场中需要学习信息技术应用基础知识的人员学习参考。

◆ 主　　编　任日葵　蔡雯云　白静雯
副 主 编　杨小刚　周红颖　李小亚　刘玉洁
责任编辑　赵　亮
责任印制　王　郁　焦志炜

◆ 人民邮电出版社出版发行　　北京市丰台区成寿寺路 11 号
邮编　100164　　电子邮件　315@ptpress.com.cn
网址　https://www.ptpress.com.cn
大厂回族自治县聚鑫印刷有限责任公司印刷

◆ 开本：889×1194　1/16
印张：8　　2024 年 7 月第 1 版
字数：163 千字　　2024 年 7 月河北第 1 次印刷

定价：23.80 元

读者服务热线：(010) 81055256　印装质量热线：(010) 81055316
反盗版热线：(010) 81055315
广告经营许可证：京东市监广登字 20170147 号

前言

自20世纪40年代以来，随着计算机的诞生、发展与普及，人类逐渐迈入了信息时代。在这个互联网高度发达的信息化社会中，掌握和应用各种信息技术，已经成为高级人才必备的一种基本技能和综合能力。为了提升学生的学科核心素养，拓展学生的学科思维，满足新一代信息技术人才培养的要求，我们基于《信息技术（基础模块）（WPS Office）（下册）》主教材的教学需求，特意编写了本书。本书将信息技术的学习与练习结合起来，让学生通过练习进一步巩固信息技术知识，增强技能训练，提升动手能力和实践能力。

一、本书内容

本书主要包括以下5个模块，各模块具有不同的学习与练习重点。

模块4：数据处理。该模块主要考查学生数据采集、数据加工、数据分析等方面的知识，同时引导学生培养数据思维，提升数据处理能力。

模块5：程序设计入门。该模块主要考查学生程序设计基础、程序设计方法等方面的知识，同时引导学生学习程序开发，培养逻辑思维。

模块6：数字媒体技术应用。该模块主要考查学生数字媒体素材的获取、加工、制作，以及虚拟现实与增强现实等方面的知识，同时引导学生关注数字媒体发展，提升设计与制作数字媒体作品的能力。

模块7：信息安全基础。该模块主要考查信息安全常识、防范信息系统恶意攻击等方面的知识，同时引导学生提升信息安全意识，加强信息安全防护能力。

模块8：人工智能初步。该模块主要考查人工智能基础、机器人基础等方面的知识，同时引导学生了解新兴技术，探索新鲜事物。

二、本书特点

本书结合系统化的教学框架和内容，对信息技术基础知识进行全面的提炼，总结出各类题型。总体来说，本书具有以下特点。

（1）目标明确。本书各项目均通过“知识目标”“技能目标”“素养目标”明确各项目的学习目的，不仅引导了老师的教学行为，还为学生指明了学习的方向和目标，让老师和学生都能很好地判断是否达到预期效果。

（2）案例导入。本书各项目均以“学习案例”引入，通过案例展示了与信息技术相关的国家政策方针、行业现状、行业趋势，以及信息技术在实际生活中的应用，拓展学生知识面的同时增强学生对信息技术的理解。

（3）思维拓展。本书每个模块的“学习案例”都提出了思考题，让学生可以通过案例联系实际，引发学生对相关信息技术的思考和探索，加深学生对信息技术的理解，拓展学生的思维能力。

（4）技能强化。本书基于对主教材内容的梳理和筛选，通过“课堂测验”板块组织了选择题、填空题、判断题、简答题和操作题，这些题目紧贴信息技术课程标准的要求，能够有针对性地强化学生对信息技术的理解与应用能力。

（5）素养提升。本书在“学习目标”“学习案例”“课堂测验”等板块中结合前沿技术、未来职业要求、学习和生活应用场景等，以润物细无声的方式培养学生的信息意识，发展学生的计算思维，让学生树立正确的信息社会价值观和责任感，最终使学生具有符合时代要求的信息素养与适应职业发展需要的信息能力。

（6）兴趣培养。本书将理论、应用和实操紧密结合，内容涉及信息技术的方方面面，为学生了解并学习信息技术提供了很好的指引。同时，本书各项目后的“课后总结”板块还对所学知识进行了全面的分析和总结，不仅可以加强学生对知识的理解，还能进一步培养学生的学习兴趣。

本书配有素材文件、效果文件、习题答案等教学资源，读者可以登录人邮教育社区（http://www.ryjiaoyu.com）网站免费下载。

由于编者水平有限，书中难免存在不足之处，欢迎广大读者批评指正。

编　者
2024 年 4 月

目录

模块4

数据处理
——让数据提供有价值的信息

项目 4.1 采集数据

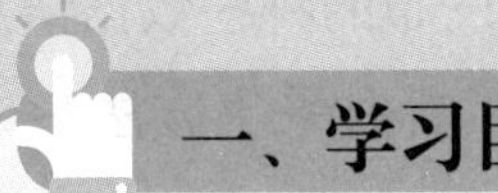

一、学习目标

知识目标

◎ 了解常用的数据处理软件。
◎ 掌握使用软件采集数据的方法。
◎ 掌握数据的输入、导入和引用方法。
◎ 掌握导出与生成数据的方法。
◎ 掌握数据转换与格式化的方法。

技能目标

◎ 能够认识不同数据处理软件的特点和功能。
◎ 能够通过常用数据处理软件进行数据的输入、导入、处理和美化。
◎ 能够使用不同的数据处理软件采集数据。
◎ 能够对采集的数据进行转换与格式化处理。

素养目标

◎ 培养数据思维，养成用数据说话的思维方式。
◎ 养成尊重数据、严谨务实的态度。
◎ 培养基于数据的分析能力、思考能力和动手能力。

二、学习案例

案例 1　我国人口普查与数据采集

在“两个一百年”奋斗目标历史交汇点前夕，我国进行了第七次全国人口普查。2021 年 5 月，国家统计局、国务院第七次全国人口普查领导小组办公室发布了第七次全国人口普查结果，结果显示：2020 年，我国人口总体规模达到 14.1 亿人，相较于 2010 年第六次全国人口普查的数据增加了 7206 万人，年平均增长率为 0.53%。

人口普查是我国的重大国情国力调查，其采集的信息是我国新人口形势下的数据“宝藏”，也是我国制定人口发展策略的数据支撑。在人口普查之外，我国国家统计局还会定时对国民经济、农业、工业、能源、固定资产投资、建筑、劳动、价格等数据进行全面采集和统计。这些数据不仅可以反映各行业领域的发展情况，还可以为行业领域内的科学决策提供依据。

请搜集数据采集的相关信息，思考以下问题。

（1）国家统计局针对关乎国计民生的各个领域进行数据采集和分析，有什么作用和意义？

（2）学校、企业、医院等单位也会不定时发布数据信息，你关注过发布的哪些数据信息？

（3）在生活和学习中，你采集过数据吗？采集了哪些数据？使用了哪些采集方法？

案例 2　用数据体现的世界纪录

小红在新闻中看到，中国科学院沈阳自动化研究所主持研制的“海斗一号”全海深自主遥控潜水器（以下简称“海斗一号”）在马里亚纳海沟成功实现万米下潜及科考应用，打破了多项无人潜水器的世界纪录，填补了我国全海深无人无缆潜水器技术与装备空白。小红搜索了“海斗一号”的世界纪录情况，得到了几个关键信息：在无缆自主模式下，“海斗一号”最大下潜深度达到了 10908 米；“海斗一号”海底连续作业时间超过 8 小时；“海斗一号”近海底航行距离超过了 14 千米。

小红发现，这几个关键信息都是通过数据展示的，10908 米、8 小时、14 千米……她又搜集了其他世界纪录，发现其他的世界纪录几乎也是通过数据来展示的。

请结合案例，思考以下问题。

（1）为什么世界纪录要依靠数据来展示？

（2）世界纪录中记录的数据主要是通过哪些方式采集和展示的？

（3）如果遇到需要采集大量数据的情况，你会怎么办？

三、课堂测验

（一）选择题

1. ［单选］数据是对（　　）的性质、状态及相互关系等进行记载的物理符号或符号组合。

A. 逻辑现象　　B. 客观事物
C. 思维方式　　D. 主观认识

2. ［多选］下列选项中，（　　）属于数据的范畴。
A. 文字　　B. 数字　　C. 视频　　D. 图像

3. ［单选］数据可以分为（　　）这几种类型。
A. 结构化数据、非结构化数据、半结构化数据
B. 结构化数据、非结构化数据、半结构化数据、全结构化数据
C. 非结构化数据、半结构化数据、全结构化数据
D. 文字、数字、影音

4. ［单选］下列属于数据采集工具的是（　　）。
A. 八爪鱼采集器　　B. WPS 表格
C. WPS 文字　　D. SAS

5. ［单选］图片、视频、音频均属于（　　）数据。
A. 直接　　B. 简介　　C. 结构化　　D. 非结构化

6. ［多选］数据的种类较多，按不同的性质，数据可以分为（　　）。
A. 定类数据　　B. 定序数据
C. 定距数据　　D. 定比数据

7. ［单选］下列属于结构化数据的是（　　）。
A. 数据库　　B. 日志文件
C. 图形　　D. 文字

8. ［单选］（　　）是适用于数据加工和分析环节的数据处理软件。
A. 八爪鱼采集器　　B. 火车采集器
C. FineBI　　D. Access

9. ［单选］如果需要在 WPS 表格中填充等差序列，可以在一个单元格中输入起始数据，然后按住（　　）键拖曳该单元格右下角的填充柄。
A.【Shift】　　B.【Enter】
C.【Tab】　　D.【Ctrl】

10. ［多选］在 WPS 表格中可填充的数据序列类型包括（　　）。
A. 等差序列　　B. 等比序列　　C. 日期　　D. 自动填充

11. ［单选］对于销售人员的销量而言，“0”表示没有成交量，属于绝对零点，所以销量属于（　　）。
A. 定类数据　　B. 定差数据　　C. 定距数据　　D. 定比数据

12. ［单选］根据数据的性质，“红色、蓝色、黄色”为（　　）。
A. 定类数据　　B. 定距数据　　C. 定差数据　　D. 定性数据

（二）填空题

1. 八爪鱼采集器是一款________，具有使用简单、功能强大等特点。

2. 在数据采集方面，________适合有一定编程基础的用户。

3. 如果需要设置单元格中数据的字体格式，可以在________选项卡中进行设置。

4. 在 WPS 表格中设置数据类型时，反映销售额的数据类型可以设置为________类型，会计报表中的数据类型可以设置为________类型。

5. ________数据不仅能比较各类事物的优劣，还能计算出事物之间差异的大小。

（三）判断题

1. 在单元格中输入起始数据，按住【Ctrl】键的同时拖曳该单元格右下角的填充柄，可以填充等差序列。（ ）

2. 数据引用是指引用工作簿、网络或计算机中的其他数据。（ ）

3. 在 WPS 表格的“开始”选项卡中可以设置数据的字体。（ ）

4. 在 WPS 表格中，不可以直接导入 Access、文本、网页等类型的数据。（ ）

5. 在 WPS 表格中，不可以为单元格设置边框和填充格式。（ ）

6. 小王想要了解城市居民的平均收入水平，便采访了十几位城市居民，调查了他们的收入情况，根据他的数据采集方式，他并不能得知城市居民的真实收入水平。（ ）

7. 在 WPS 表格中，可以为指定的单元格区域套用表格格式。（ ）

（四）简答题

1. 小红期中考试的语文、数学、英语成绩分别为“95”“100”“99”，请问“95”“100”“99”是什么类型的数据？

2. 小明对人工智能领域十分感兴趣，想要了解计算机编程课程的相关内容，便在网络上搜集了一些有关青少年编程的信息，包括学习视频、音频和一些课件。小明搜集的数据属于哪类数据？这类数据主要可以通过哪些方式来采集？

3. 完成数据的采集后，可以使用哪些软件对采集的数据进行加工和处理？

4. 在 WPS 表格中可以进行哪些数据整理操作？

（五）操作题

1. 使用八爪鱼采集器，以京东的“商品搜索”模板为例，采集运动服装的数据，采集页数为“5”，并将采集后的数据保存为 WPS 表格文件。

2. 我国是一个历史悠久的文明古国，在漫长的历史长河中，这片土地上诞生了无数的文明。请选择一个数据采集软件，在“中华人民共和国文化和旅游部”官方网站上采集与“古代文明”相关的数据，并将采集的数据整理成 WPS 表格文件。

3. 按照如下要求在 WPS 表格中导入和美化数据。

（1）新建一个 WPS 表格文件，将其命名为“我国传统节日 .et”。

（2）选中 A2 单元格，向其中导入“我国传统节日 .txt”（配套资源 :\ 素材文件 \ 模块 4\ 我国传统节日 .txt）中的数据。

（3）在 A1、B1、C1 单元格中分别输入序号、节日名称、日期，然后为 A1:C18 单元格区域添加“所有框线”。

（4）为 A1:C18 单元格区域套用主题颜色为绿色的“表样式 9”样式。

（5）分别设置 A1:C1、A2:C18 两个单元格区域的字体和字号为“思源黑体 CN Heavy、12”“等线、12”。

（6）调整第一行单元格的行高，并保存“我国传统节日 .et”文件（配套资源 :\ 效果文件 \ 模块 4\ 我国传统节日 .et）。

4. 表 4-1 中为某品牌笔记本电脑的数据，分析每一条数据信息，并提取其中的关键数据，最后总结出该笔记本电脑的性能和特点，并给出购买建议。

表4-1 数据分析

数据来源	数据信息	数据提取
社交平台	“我在 ×× 平台买了 ×× 品牌的笔记本电脑，花了 6500 元，笔记本电脑挺薄的，厚度跟一元硬币的半径差不多……”	
官网	6755 元 / 台，银色、黑色、白色 3 色可选，赠送键盘膜、鼠标垫，城市地区当日下单，次日可达	
网络搜索	内存容量 : 16GB。硬盘容量 : 512GB 。CPU: 英特尔 酷睿 i5-1155G7。显卡类型 : 集成显卡。操作系统 : Windows 10 64 位	
总结		

四、课后总结

请回顾本项目内容，对项目知识的学习情况进行总结。

1. 学习重难点

2. 学习疑问

3. 学习体会

项目 4.2　加工数据

一、学习目标

知识目标

◎ 了解数据清理的基础知识。
◎ 掌握使用公式和函数计算数据的方法。
◎ 掌握数据的排序、筛选与分类汇总方法。

技能目标

◎ 能够清理重复、缺失、错误的数据。
◎ 能够选用合适的函数计算数据。
◎ 能够按照数据管理要求对数据进行排序、筛选和分类汇总。

素养目标

◎ 养成尊重数据、务实严谨的科学态度。
◎ 提升数据管理能力，培养计算思维。

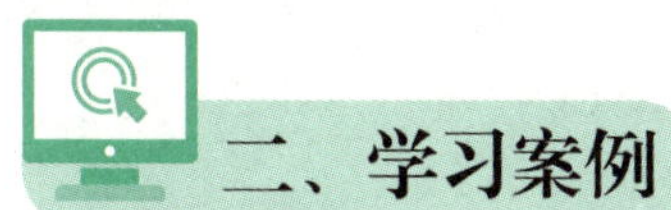

二、学习案例

案例 1　AI 建模中的数据标注

在人工智能领域，AI 建模有一个叫作数据标注的过程，该过程是指根据使用者的需要，将非结构化数据中有用的部分标记出来，转变为计算机可以理解的结构化数据。假设我们想让计算机构建和识别猫的模型，就需要在有猫的图片中做好标注，告诉计算机这个标注的地方有一只猫，这样计算机就可以学习标注的图形特征。这个计算机学习的过程本质上反映为数据加工。猫的图片是非结构化数据，计算机通过数据加工，标注图片中代表猫的像素点，让其成为可以被计算机识别的结构化数据，这样计算机便完成了学习。对计算机来说，很多数据需要经过专门的处理才能被识别和使用，因此数据加工非常重要。

请思考以下问题。

（1）你是如何理解数据加工的？

（2）你认为数据加工有什么作用和意义？

（3）网络、报纸、杂志、图书、表单等媒介上的信息可以加工成供计算机识别的数据吗？

案例 2　日常生活中的数据搜集与处理

在日常生活中，很多数据信息都需要加工处理才能满足使用需求，例如，小文想要购买平板电脑，那么她先要搜集不同平板电脑的价格、配置等数据信息，然后对这些数据信息进行对比、筛选，甚至计算，才能做出相对更优的购买决策。若小文观察到某个社会现象，想深入了解该社会现象的本质，也需要多方面搜集信息，清除重复、错误、不清晰的数据信息，保留真实可信的数据，这样才能基于数据对该社会现象的本质得出基本的结论。

请根据自己对数据加工的理解，思考以下问题。

（1）你在日常生活和学习中遇到哪些情景时需要用到数据处理？

（2）如果你遇到的数据信息多而繁杂，你倾向于借助科学的数据加工方式来分析问题以得出结论，还是倾向于进行大致的主观判断得出结论？

（3）数据处理的基本流程是怎样的？请举例说明。

三、课堂测验

（一）选择题

1. ［多选］数据清理的主要任务有（　　）。

   A. 对重复的数据进行筛选清除　　B. 将缺失的数据补充完整

   C. 对错误的数据进行更正　　D. 对正确的数据进行分析统计

2. ［单选］（　　）可以对数据进行各种算术和逻辑运算。

   A. 数据采集　　B. 数据筛选

   C. 数据归纳　　D. 数据计算

3. ［多选］在清理重复数据时，主要是对（　　）等方面的数据进行清理。

   A. 列方向字段重复　　B. 表格文本信息重复

   C. 行方向记录重复　　D. 列、行方向的数字重复

4. ［单选］如果要统计单元格区域中单元格的数量，可以使用（　　）函数。

   A. COUNT　　B. COUNTIF

C. IF　　D. SUMIF

5. [单选] 函数公式“=ROUND(79.30145, 2)”返回的结果是（　　）。

A. 79　　B. 80　　C. 79.30　　D. 80.00

6. [多选] 数据管理主要包括（　　）等操作。

A. 排序　　B. 输入　　C. 筛选　　D. 分类汇总

7. [单选] 对3、7、50、24、16进行降序排列，其排列方式应为（　　）。

A. 3、7、24、16、50　　B. 50、24、16、7、3

C. 3、7、16、24、50　　D. 50、24、16、3、7

8. [多选] 某公司人力资源负责人想知道部门内工资超过5000元的员工有哪些，他可以在部门员工的工资表中使用（　　）来达到目的。

A. 数据计算　　B. 数据筛选

C. 数据排序　　D. 数据分类汇总

9. [单选] 图4-1体现了WPS表格在数据管理中的（　　）功能。

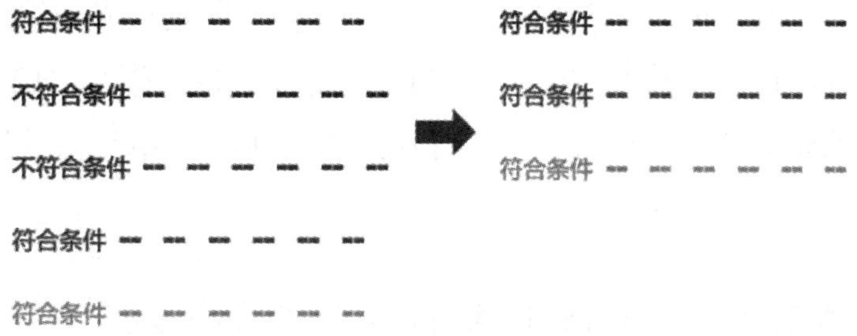

图4-1

A. 数据计算　　B. 数据筛选

C. 数据排序　　D. 数据分类

10. [多选] 下列选项中，属于WPS表格函数运算对象的有（　　）。

A. 数字　　B. 文本　　C. 逻辑值　　D. 表达式

E. 引用　　F. 其他函数

11. [单选] 在WPS表格中，公式“=5+A17+SUM(D2:D5)”中的“5”“A17”“+”“SUM”“D2:D5”分别是指（　　）。

A. 常量，单元格地址，运算符，函数，函数参数

B. 数字，单元格地址，运算符，函数，函数参数

C. 数字，单元格地址，运算符，函数，单元格地址

D. 常量，单元格地址，运算符，函数，单元格地址

12. [单选] 某位老师想要了解全班同学的英语平均成绩,他可以使用（　　）函数进行计算。

A. ROUND　　B. AVERAGE　　C. IF　　D. VLOOKUP

（二）填空题

1. WPS 表格中的公式以______________为开始进行输入。

2. ______________相当于预设好的公式。

3. ______________是指对数据进行排序、筛选、分类汇总等操作。

4. 在进行数据排序时，按该项目的数据大小从低到高进行排列，称为____________排列；从高到低进行排列，称为______________排列。

5. 在清理缺失的数据时，应该______________缺失内容，______________无法补充的内容。

6. ______________函数可以实现求和的功能，______________函数则可以实现只对单元格区域中符合条件的值求和。

7. 公式“=IF(A1>0,"正确","错误")”表示，如果 A1 单元格中的值大于 0，则返回文本______________；如果小于或等于 0，则返回文本______________。

8. ______________函数为取整函数，其语法格式为______________。

9. 在 WPS 表格中，可以通过“______________”功能快速清理表格中的重复数据。

10. 假设在 B2 单元格中输入“3”，在 B3 单元格中输入“12”，在 B4 单元格中输入“45”，接着在 C3 单元格中输入公式“=SUM(B2:B4)”，则 C3 单元格的返回值为____________。

（三）判断题

1. 在进行数据筛选时，符合筛选条件的数据会高亮显示，不符合筛选条件的数据则简略显示。（　　）

2. 在清理数据时，可以不清理逻辑错误和格式错误的数据。（　　）

3. 在数据分类汇总时，应先对表格数据进行排序，再汇总出各类别的结果。（　　）

4. 某表格中列举了不同产品的价格、名称信息，我们可以根据需要，分别针对产品的价格、名称进行排序。（　　）

5. 在 WPS 表格中筛选数据时，可以仅显示包含某一固定数据的单元格。（　　）

（四）简答题

1. 什么是数据清理？数据清理主要包括哪些内容？

2. 什么是数据计算？在 WPS 表格中如何进行数据计算？

3. 小宇了解了自己期末考试每门课的成绩后，想要对自己各科的成绩从高到低进行排序，他可以使用什么方式来达到这一目的？

4. 什么是数据筛选？请列举 5 项适合进行数据筛选的应用情形。

5. 在 WPS 表格中，函数的作用是什么？什么时候需要使用函数？

6. WPS 表格中的函数主要包括哪几个部分？每个部分有什么作用？

7. 数据的加工和分析往往是严谨、准确、科学的。基于这个角度，在加工和管理数据时，应该秉持什么态度？

（五）操作题

1. 启动 WPS Office，新建一个 WPS 表格，在 A1:A10 单元格区域中输入任意数字，然后在“公式”选项卡中了解求和、平均值、计数、最大值、最小值等函数，并试着在空白单元格中插入不同类型的函数，根据 A1:A10 单元格区域中的数字计算相应结果。

2. 打开“员工工资表 .et”工作簿（配套资源 :\ 素材文件 \ 模块 4\ 员工工资表 .et），按以下要求进行操作（配套资源 :\ 效果文件 \ 模块 4\ 员工工资表 .et）。

（1）使用自动求和公式计算“工资汇总”列的数值,其数值等于“基本工资 + 绩效工资 + 提成 + 工龄工资”。

（2）对表格进行美化，设置其对齐方式为“水平居中”“垂直居中”。

（3）将基本工资、绩效工资、提成、工龄工资和工资汇总的数据格式设置为“会计专用”。

（4）使用降序排列的方式对工资汇总进行排序，并将大于 4000 的数据设置为红色。

3. 打开“某产品近三年零售额统计表 .et”工作簿（配套资源 :\ 素材文件 \ 模块 4\ 某产品近三年零售额统计表 .et），按以下要求进行操作（配套资源 :\ 效果文件 \ 模块 4\ 某产品近三年零售额统计表 .et）。

（1）使用自动求和公式计算“合计”列的数值，其数值等于 12 个月的零售额总和。

（2）使用最大值函数计算 B3:M5 单元格区域中零售额的最高值。

（3）使用最小值函数计算 B3:M5 单元格区域中零售额的最低值。

（4）使用平均值函数计算 B3:M5 单元格区域中三年零售额的平均值。

4. 打开“销售额统计表 .et”工作簿（配套资源 :\ 素材文件 \ 模块 4\ 销售额统计表 .et），按以下要求进行操作（配套资源 :\ 效果文件 \ 模块 4\ 销售额统计表 .et）。

（1）筛选“本月销售额”中数值大于 60000 的单元格。

（2）对“职称”列进行升序排列。

（3）按照分类字段为“职称”、汇总方式为“平均值”、“选定汇总项”为“本月销售额”的方式对单元格区域进行分类汇总，计算不同职称人员的本月销售额平均值和总计平均值。

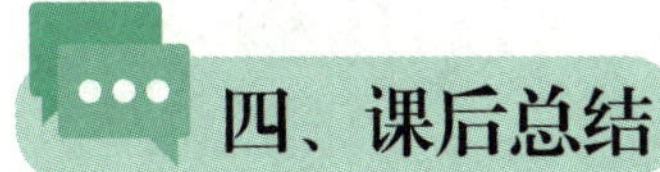

四、课后总结

请回顾本项目内容，对项目知识的学习情况进行总结。

1. 学习重难点

2. 学习疑问

3. 学习体会

项目 4.3　分析数据

一、学习目标

知识目标

◎ 了解数据可视化与分析方法。
◎ 熟悉图表的类型与组成。
◎ 掌握图表、数据透视表、数据透视图的应用。

技能目标

◎ 能够理解数据可视化的展示方法与特点。
◎ 能够选择合适的图表类型实现数据可视化。
◎ 能够使用数据透视表、数据透视图实现数据可视化。

素养目标

◎ 能运用科学的方式展示数据。
◎ 养成灵活的思维方式，树立务实的数据分析态度。
◎ 培养数据工作者的严谨作风。

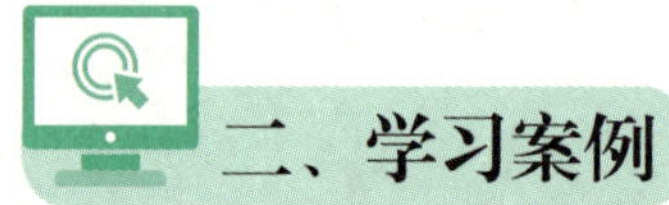

二、学习案例

案例 1　有趣的数据可视化

日常生活中，大部分公交车都是按时发车的，例如，9:00，第一辆公交车从起始站发车，9:05，第二辆公交车从起始站发车。由于发车时间是有规律的，因此如果保持这种理想状态，就可以准时准点搭乘某固定时间段的公交车。但实际上，公交车几乎很难做到完全准时准点到达某个站点，甚至如果某一辆或某几辆公交车在路上出现延迟，还可能出现多辆公交车同时到站的情况。公交车同时到站这个现象不难理解，但是怎样将这个现象出现的过程描述得更加简单、直接呢？

为了清楚地呈现这个过程，有人做了一个互动游戏。在该互动游戏中，当公交车沿着既定的路线行驶时，玩家可以随机按住一个控制按钮，让公交车产生延迟。此时可以直观地观察到，在这个短暂的延迟中，公交车是如何慢慢聚集起来并同时到站的，如图 4-2 所示。这就是数据可视化的表现形式之一——互动式的数据可视化。

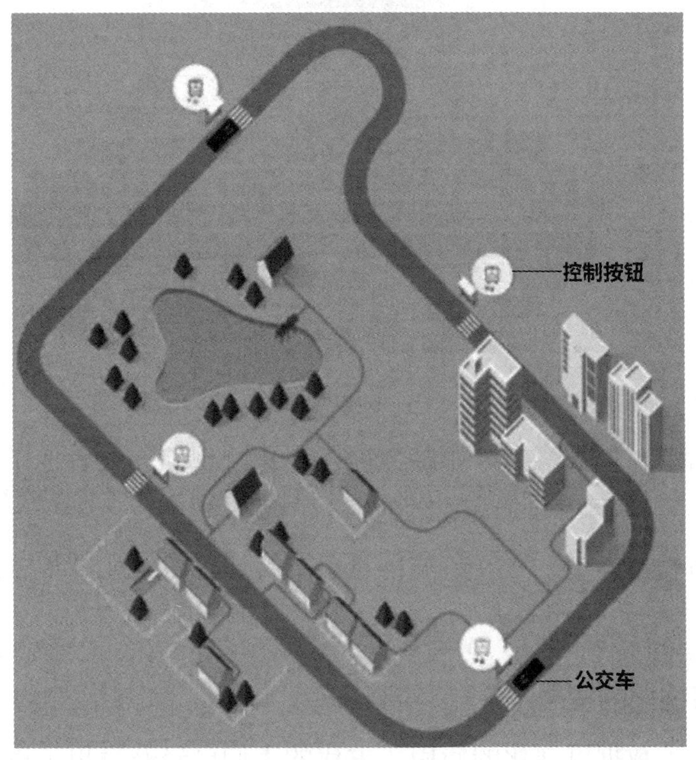

图 4-2

当然，数据可视化的形式是多种多样的，如静态的、动态的、可交互的等。有人想要用更直观的方式展示某地区不同年龄段的人口随着时间推移的变化，于是首先将某个时间节点不同年龄层的人口做成柱形图表，如图 4-3 所示，再将柱形图表制作成随时间变化的 GIF 动图，这样就可以通过动图非常直观地看到该地区不同年龄段的人口随着时间推移的变化情况，这就是数据可视化的动态表现。

通过以上案例不难发现，数据的功能是非常强大的，而数据可视化则是简洁而有趣的。人类大脑对视觉信息的处理效率优于对文本信息的处理效率，因此若我们能够使用图表、图形、图像，甚至视频、游戏等方式对数据直观地进行剖析和呈现，我们就可以更加容易且直接地理解数据中隐藏的趋势，以及数据和数据之间的相关性。

请同学们搜索数据可视化的现象或案例，思考以下问题。

（1）你认为数据可视化有什么作用？

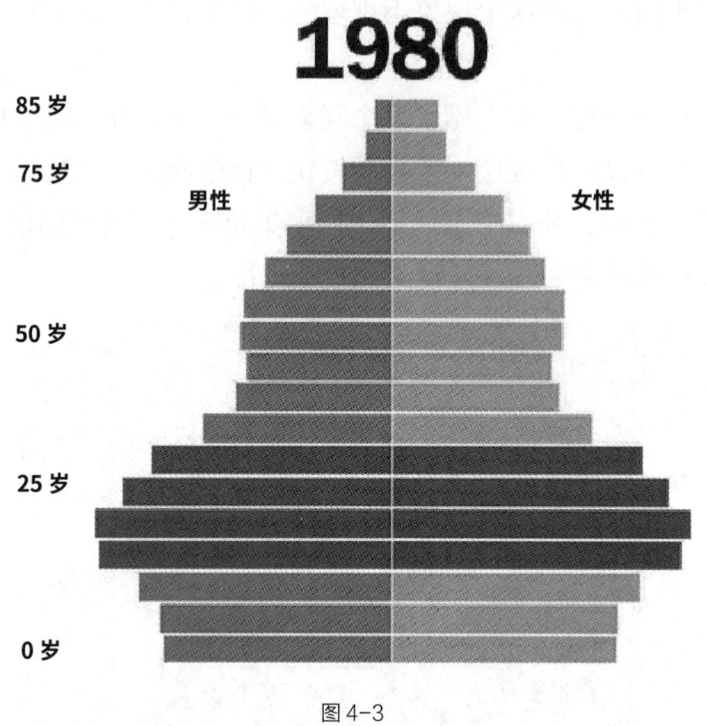

图 4-3

（2）在日常生活中，你观察到了哪些数据可视化的现象？或者你了解过哪些数据可视化的案例？

（3）在日常生活和学习中，哪些数据信息更适合通过可视化的形式进行呈现？这样呈现的好处是什么？

案例 2　数据可视化的发展

人类很早就开始了数据可视化的使用，古代的人们已经开发出了以视觉方式展示信息的方法。他们绘制了表达不同意向的图画，用以传递信仰；也绘制了地图、河图来了解自己生存的土地。那时候的数据体量还比较小，数据可视化方式也比较直接和简单。但随着现代信息技术的发展，如今的人们已经习惯了通过互联网来实现数据的流通，数据体量早已不可同日而语，在这样的背景下，数据的采集、加工和处理难度加大，同时数据的表现形式也越来越丰富，数据可视化逐渐演变出了各种可能。

为了符合当代数据处理的要求，腾讯、百度、阿里巴巴等知名的互联网企业都开发了数据可视化服务，让数据的识别和展示变得更加简洁、直观和高效。在数据可视化的辅助下，每个人都能拥有一双识别数据信息的“火眼金睛”。

有人说，数据可视化是一门艺术。经过 3 次信息化浪潮的洗礼，用数字化方式记录和存储各种信息已经变得司空见惯，在物联网、5G、云计算、人工智能等技术的推动下，通过简洁高效的可视化数据反映问题、提升组织效率，正逐渐成为信息社会的发展趋势之一。

请结合案例，思考以下问题。

（1）数据可视化在人类历史的发展中是一直存在的，有些人将传统的数据可视化称作静态的数据可视化，你认为哪些是静态的数据可视化？除了静态的数据可视化外，数据可视化还可以表现为哪些形式？

（2）现如今，为各个企业、组织等提供数据可视化服务的机构越来越多，你认为这个行业现象反映了什么？

（3）你认为在历史、文学等传统的以文字记录为主的领域，数据可视化有什么作用？

三、课堂测验

（一）选择题

1. ［单选］为了更直观地反映数据信息，可以采用（　　）的方式来呈现数据。

A. 数据可视化　　B. 数据管理

C. 数据分析　　D. 数据计算

2. ［多选］在采用数据可视化的方式来呈现数据时，需要借助（　　）等工具。

A. 图表　　B. 数据透视表

C. 数据透视图　　D. 电子表格

3. ［多选］常用的数据可视化分析方法包括（　　）。

A. 对比分析　　B. 趋势分析

C. 占比分析　　D. 分布分析

4. ［单选］对比分析主要可以从（　　）上展示和说明被对比对象的规模大小、水平高低、速度快慢。

A. 质量　　B. 数量　　C. 效果　　D. 水平

5. ［单选］（　　）一般适用于对某些指标或维度进行长期跟踪。

A. 对比分析　　B. 趋势分析

C. 占比分析　　D. 分布分析

6. ［单选］图 4-4 ~ 图 4-7 所示的图表中，（　　）属于趋势分析。

A.
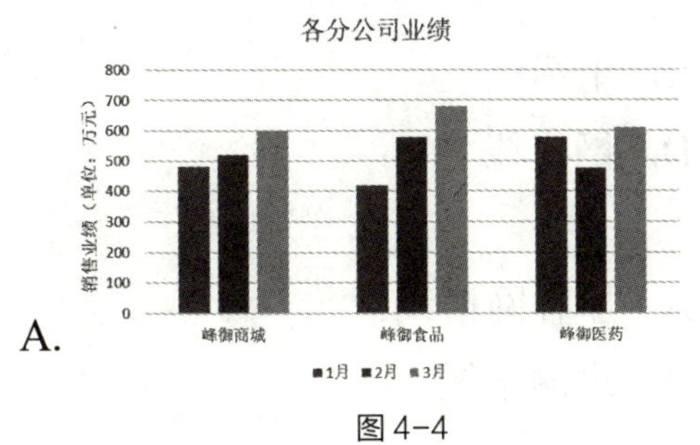

图 4-4

B.
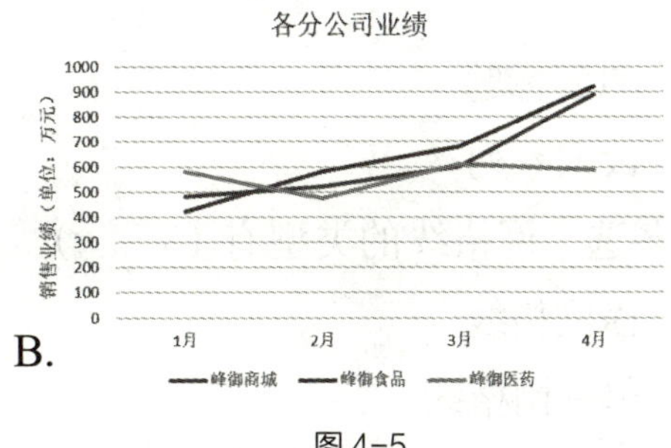

图 4-5

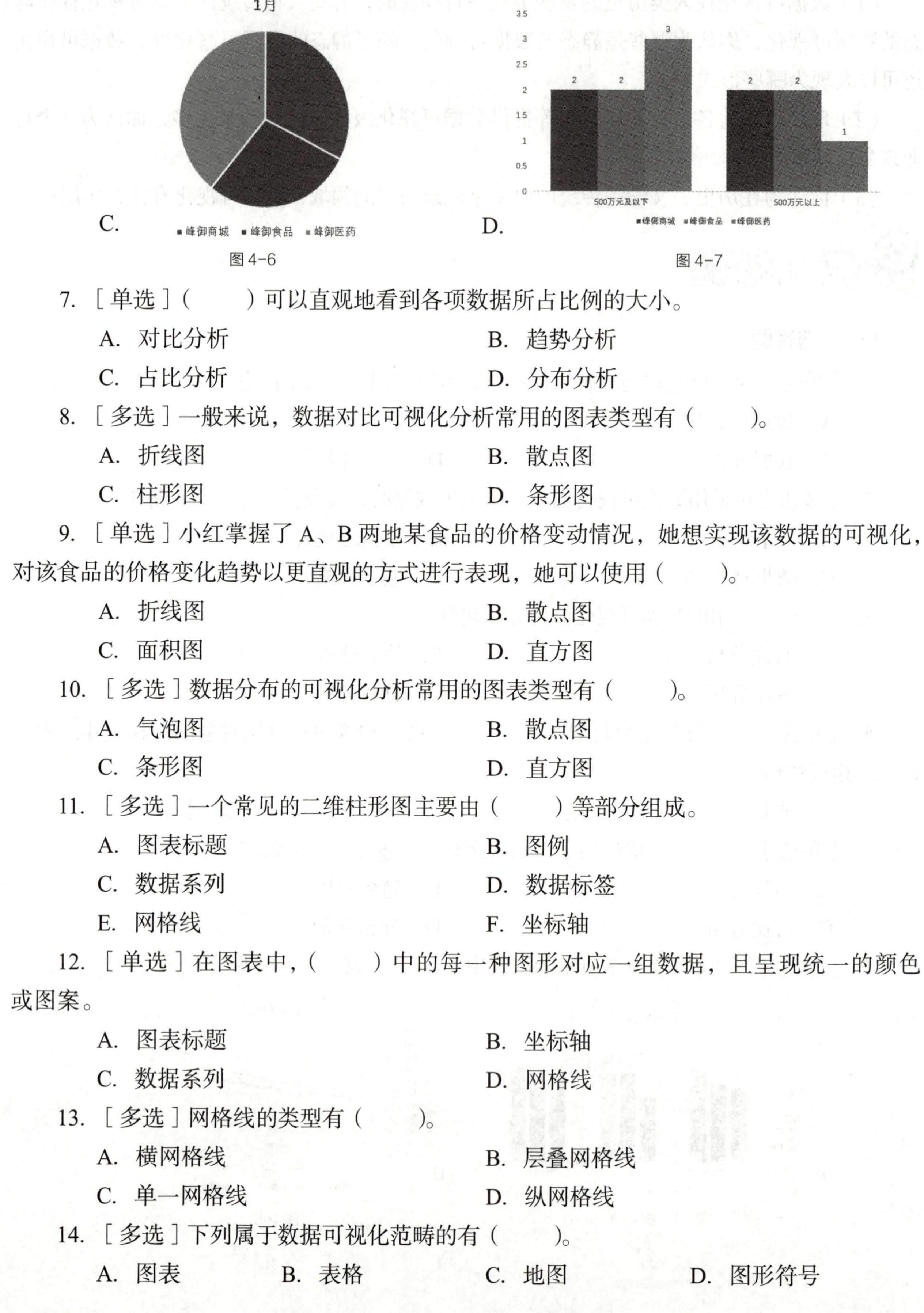

C. 图 4-6　　D. 图 4-7

7. ［单选］（　　）可以直观地看到各项数据所占比例的大小。

A. 对比分析　　B. 趋势分析

C. 占比分析　　D. 分布分析

8. ［多选］一般来说，数据对比可视化分析常用的图表类型有（　　）。

A. 折线图　　B. 散点图

C. 柱形图　　D. 条形图

9. ［单选］小红掌握了 A、B 两地某食品的价格变动情况，她想实现该数据的可视化，对该食品的价格变化趋势以更直观的方式进行表现，她可以使用（　　）。

A. 折线图　　B. 散点图

C. 面积图　　D. 直方图

10. ［多选］数据分布的可视化分析常用的图表类型有（　　）。

A. 气泡图　　B. 散点图

C. 条形图　　D. 直方图

11. ［多选］一个常见的二维柱形图主要由（　　）等部分组成。

A. 图表标题　　B. 图例

C. 数据系列　　D. 数据标签

E. 网格线　　F. 坐标轴

12. ［单选］在图表中，（　　）中的每一种图形对应一组数据，且呈现统一的颜色或图案。

A. 图表标题　　B. 坐标轴

C. 数据系列　　D. 网格线

13. ［多选］网格线的类型有（　　）。

A. 横网格线　　B. 层叠网格线

C. 单一网格线　　D. 纵网格线

14. ［多选］下列属于数据可视化范畴的有（　　）。

A. 图表　　B. 表格　　C. 地图　　D. 图形符号

15. ［多选］数据可视化的基本流程主要涉及（　　）环节。

A. 明确目的　　B. 选择图表

C. 视觉设计　　D. 突出信息

（二）填空题

1. 数据透视表和数据透视图在进行数据可视化呈现时，具有________性质。

2. 数据可视化可将枯燥的数字变为可视化的________。

3. 对比分析是指把________有一定联系的数据指标进行比较。

4. ________一方面可以看出所分析对象的变化情况，另一方面可以发现变化趋势中明显的拐点。

5. ________可以使人们根据分布的频繁程度找到数据规律，从而对数据结构有更加清晰的认识。

6. ________适用于数据占比可视化分析。

7. 图表中的图形部分是________。

8. ________可以显示数据系列代表的具体数据。

9. 图表中如果存在关键信息或核心数据，可通过________等方法将该信息突出显示。

10. 在数据可视化的视觉设计环节，如果需要强化趋势变化或对比差距，可以考虑调整坐标轴刻度的________，进一步放大这种趋势或差距。

（三）判断题

1. 人的大脑更喜欢接收视觉获取的信息。（　　）

2. 对比分析不是常用的可视化分析方法。（　　）

3. 通过趋势分析可以分析变化趋势中出现明显拐点的原因。（　　）

4. 如果需要快速找准处于核心地位或起关键作用的数据对象，可以使用分布分析。（　　）

5. 进行数据可视化分析时，最好使用柱形图、条形图。（　　）

6. 制作图表时，可以选择不在图表中显示图表标题。（　　）

7. 视觉设计可以简单地理解为图表美化。（　　）

8. 明确数据可视化，是为了明确通过数据可视化需要解决什么样的问题。（　　）

9. 在数据可视化的过程中，可以先选择图表，再思考数据之间的关系。（　　）

10. 在图表中突出关键信息或核心数据，可以使读者更容易关注到重点内容，进而方便理解图表。（　　）

（四）简答题

1. 数据分析的作用是什么？为什么需要进行数据分析？

2. 与文本、电子表格相比，数据可视化的呈现方式有哪些优势？

3. 图 4-8 所示的图表中主要包含哪些部分？请在图表中对各组成部分进行标注。

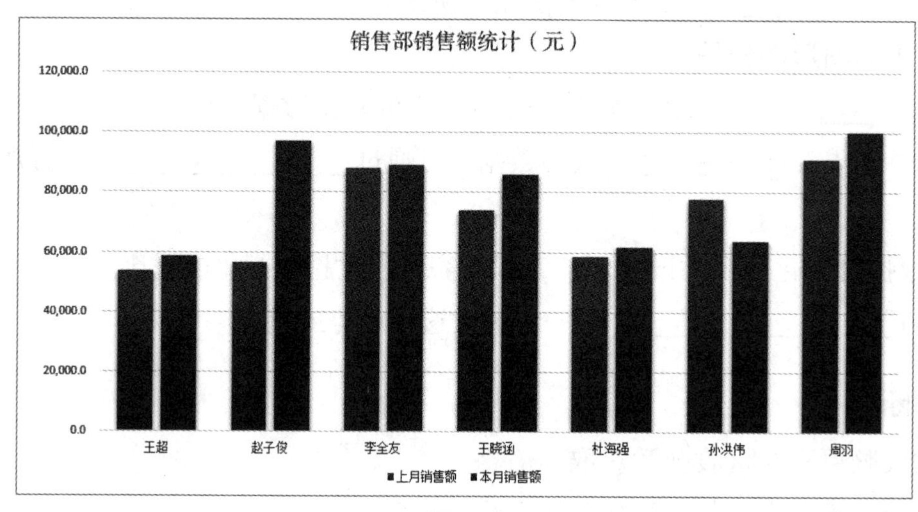

图 4-8

4. 小文是英语老师，她在统计某班同学的英语成绩时，发现英语成绩不合格的有 5 人、良好的有 29 人、优秀的有 15 人。小文想要了解英语成绩不合格、良好、优秀的同学的占比，她可以使用哪一种或哪几种图表类型来实现数据可视化？为什么？

5. 数据可视化的基本流程主要包含哪些环节？每一个环节的具体作用和任务是什么？

6. 观察图 4-9 所示的图表，回答下列问题。

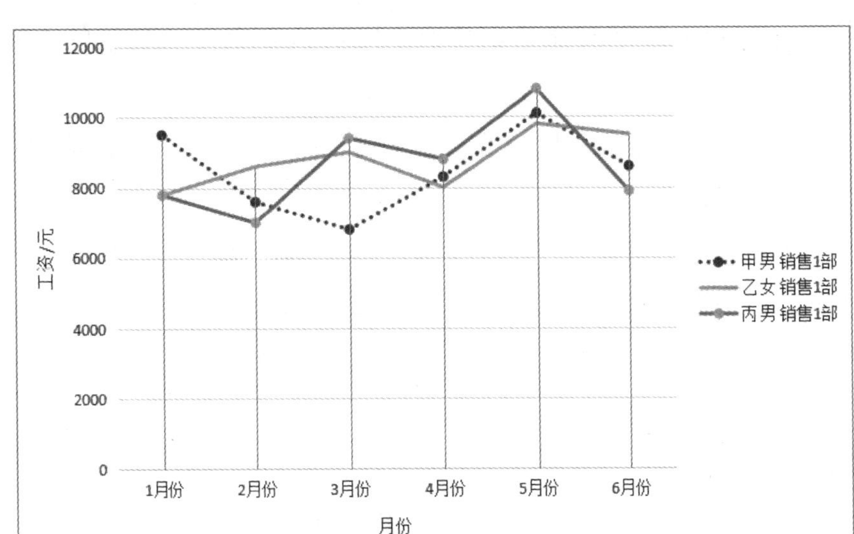

图 4-9

（1）该图表属于什么图表类型？

（2）在该图表中，甲、乙、丙 3 位员工单月工资最高额和最低额分别出现在哪一个月份？

（3）总结甲、乙、丙 3 位员工单月工资的变化趋势。

（4）用折线图表现甲、乙、丙 3 位员工月工资的变化趋势有何好处？

（五）操作题

1. 按下列要求操作“采购月报表 .et”工作簿（配套资源 :\ 素材文件 \ 模块 4\ 采购月报表 .et，配套资源 :\ 效果文件 \ 模块 4\ 采购月报表 .et）。

（1）打开“采购月报表 .et”工作簿，选择 C3:D7 单元格区域，插入簇状柱形图。

（2）调整垂直坐标轴的边界最小值为“50”，修改图表标题为“采购月报表”。

（3）设置图表样式为“样式 5”、快速布局为“布局 2”。

（4）选择图表中的数据系列，设置填充主题颜色为红色，样式为“渐变填充”“无线条”；轮廓为“无边框颜色”。

2. 按下列要求操作“试用员工奖金评定表 .et”工作簿（配套资源 :\ 素材文件 \ 模块 4\ 试用员工奖金评定表 .et，配套资源 :\ 效果文件 \ 模块 4\ 试用员工奖金评定表 .et）。

（1）打开“试用员工奖金评定表 .et”工作簿，选择 B2:I12 单元格区域，插入数据透视表，并将该数据透视表放入新的工作表中。

（2）在“数据透视表字段”任务窗格中将“姓名”字段拖曳到“行”区域，将“本月销售额”和“基本业绩奖金”字段拖曳到“值”区域，查看不同员工的本月销售额和基本业绩奖金。

（3）切换到“Sheet1”工作表，选择B2:I12单元格区域，插入数据透视图，并将该数据透视图放入新的工作表中。

（4）在“数据透视表”任务窗格中将“姓名”字段拖曳到“行”区域，将“上月累计销售额”和“本月累计销售额”字段拖曳到“值”区域，查看不同员工上月和本月销售额的对比情况。

四、课后总结

请回顾本项目内容，对项目知识的学习情况进行总结。

1. 学习重难点

2. 学习疑问

3. 学习体会

项目 4.4 初识大数据

一、学习目标

知识目标

◎ 了解大数据的基础知识。
◎ 了解大数据采集的主要渠道。
◎ 了解大数据分析的基本流程。

技能目标

◎ 能够正确认识大数据。
◎ 能够了解大数据不同采集渠道的采集方式。
◎ 能够了解大数据分析的各个流程的主要任务。

素养目标

◎ 科学认识大数据的概念和范畴，做到因时而进、因势而新。
◎ 培养基于大数据分析和思考问题的能力。

二、学习案例

2015 年，国务院印发《促进大数据发展行动纲要》，这是我国促进大数据发展的第一份权威性、系统性文件，从国家大数据发展战略全局的高度提出了我国大数据发展的顶层设计。

当前，数据已成为重要的生产要素，大数据产业作为以数据生成、采集、存储、加工、分析、服务为主的战略性新兴产业，是加快经济社会发展质量变革、效率变革、动力变革的重要引擎。面对世界百年未有之大变局和新一轮科技革命和产业变革深入发展的机遇，世界各国纷纷制订大数据战略，开启大数据产业创新发展新赛道，抢占大数据产业发展制高点。

2021 中国国际大数据产业博览会明确了要从广度和深度两个维度拓展大数据应用场景，积极推动数字技术与经济社会发展各领域全方位深度融合，充分挖掘数据的多重价值。要夯实算力和人才基础，加强算力基础设施建设，补齐关键技术和产业短板，重视数学、物理等基础学科建设，培养大数据产业相关人才。

在世界发展形势的影响和国家政策的大力推动下，目前，我国的大数据产业已经取得了不错的成绩，工业和信息化部公布的我国 2022 年 1—2 月通信业经济运行情况数据显示，3 家基础电信企业积极发展 IPTV、互联网数据中心、大数据、云计算、物联网等新兴业务，1—2 月共完成新兴业务收入 508 亿元,其中大数据收入同比增速达到 58%。天眼查数据显示，我国目前共有超过 26.4 万家大数据产品和服务相关企业。《“十四五”大数据产业发展规划》中提出，到 2025 年，大数据产业测算规模突破 3 万亿元，年均复合增长率保持在 25% 左右。

请结合案例，思考以下问题。

（1）什么是大数据，你是怎样理解大数据的？

（2）你了解过提供大数据产品或服务的企业吗？试着选择一个企业并说明其服务内容。

（3）你认为目前我国大数据产业的发展前景是怎样的？

（4）大数据与互联网结合紧密，与其他新兴技术的发展相互依存，提到大数据，你还能想起哪些相关技术？

三、课堂测验

（一）选择题

1. ［单选］（　　）是指无法在一定时间范围内用常规软件工具进行捕捉、管理和处理的数据集合。

A. 大数据　　B. 云计算　　C. 数据　　D. 云

2. ［多选］大数据是需要新处理模式才能具有更强的决策力、洞察力和流程优化能力的（　　）信息资产。

A. 海量　　B. 高端　　C. 高增长率　　D. 多样化

3. ［多选］在数据信息技术高速发展的今天，我国相继出台了一系列政策，如（　　）等，加快了大数据产业的落地。

A.《促进大数据发展行动纲要》　　B.《生态环境大数据建设总体方案》

C.《大数据时代》　　D.《算法》

4. ［单选］大数据一词首次出现在（　　）年，但在云计算出现之后它才凸显出真正的价值。

A. 1995　　B. 1998　　C. 1997　　D. 1999

5. ［单选］（ ）年，我国多个省、市政府相继出台了大数据研究与发展行动计划，以实现区域数据中心资源汇集与集中建设。

A. 2016 B. 2017 C. 2015 D. 2019

6. ［多选］大数据是海量、高速增长和多样化的信息资产，它具有（ ）等特点。

A. 数据体量大 B. 数据类型多

C. 数据产生速度快 D. 数据价值密度低

7. ［多选］大数据存储的数据能达（ ）。

A. TB 级 B. PB 级 C. EB 级 D. ZB 级

8. ［多选］下列属于大数据应用场景的有（ ）。

A. 电商行业 B. 农业行业

C. 教育行业 D. 金融行业

E. 医疗行业

9. ［多选］农业可以利用大数据来（ ）。

A. 提高产量和质量 B. 有效降低不必要的成本

C. 预测和控制农牧产品生产 D. 提供金融决策

10. ［多选］目前，大数据的主要来源包括（ ）等途径。

A. 物联网系统 B. 互联网系统

C. 计算机系统 D. 3D 技术系统

11. ［单选］（ ）根据用户设置的采集频率进行数据传输，并将数据信息存放到消息总线中实现采集。

A. 报文 B. 文件 C. 信息 D. 数据

12. ［单选］针对互联网系统的数据采集通常通过（ ）工具来实现。

A. WPS Office B. Excel

C. 数据库 D. 网络“爬虫”

13. ［多选］大数据分析过程可归纳为（ ）这几个环节。

A. 数据抽取与集成 B. 数据分析

C. 数据解释与展现 D. 数据表达

14. ［多选］数据抽取与集成是指对数据的（ ）。

A. 采集 B. 抽取 C. 聚合 D. 存储

15. ［单选］基于物化或数据仓库技术方法的引擎、基于联邦数据库或中间件方法的引擎和基于数据流方法的引擎均是当下主流的（ ）方式。

A. 数据抽取与集成 B. 数据分析

C. 数据解释与展现 D. 数据表达

16. ［多选］大数据安全的防护技术主要包括（　　）等。

A. 数据资产梳理　　B. 数据库加密

C. 数据库安全运维　　D. 数据库漏扫

17. ［单选］运用数据资产梳理技术可以发现大数据中的敏感数据，并将敏感数据进行变形处理，防止敏感数据泄露，也叫（　　）。

A. 数据库漏扫　　B. 数据库加密

C. 数据脱敏　　D. 数据库安全维护

18. ［多选］数据资产梳理的核心技术包括（　　）。

A. 静态梳理技术　　B. 动态梳理技术

C. 数据状况的可视化呈现技术　　D. 数据资产存储系统的安全现状评估

19. ［多选］数据库漏扫的检测方式包括（　　）。

A. 授权扫描　　B. 非授权扫描

C. 弱口令扫描　　D. 渗透攻击

20. ［单选］数据库安全运维技术是对（　　）的访问和操作等运维行为进行流程审批和阻断管控的技术。

A. 敏感数据　　B. 数据库　　C. 数据资产　　D. 通信

（二）填空题

1. ________________是互联网技术快速发展的产物，是庞大的数据组。

2. 大数据需要新的________________才能挖掘出其宝贵的信息价值。

3. ________________年，大数据逐渐受到了各行各业的关注，工业和信息化部发布的《物联网“十二五”发展规划》中涉及多项大数据技术。

4. 1TB=______________GB，1 PB=______________TB，1 EB=____________PB，1ZB=______________EB。

5. ________________是最早利用大数据进行精准营销的行业。

6. 借助大数据平台，________________可以收集不同病例和治疗方案，建立针对疾病特点的数据库，在诊断病人时可以利用疾病数据库快速帮助病人确诊。

7. ________________可以通过大数据了解教师的教学情况，从而优化教育机制，提升个性化教学质量，充分引导学生的兴趣和特长。

8. 物联网的数据大部分是非结构化数据和半结构化数据，采集方式主要包括________________和________________两种。

9. 采集物联网数据时往往需要制订采集策略，该策略包含采集的________________和采集的________________两个重要因素。

10. ________________是大数据分析的第一步。

11.《中华人民共和国数据安全法》自________年________月________日起施行。

12. 数据库加密技术能够实现对大数据中的________________、访问控制增强、应用访问安全、安全审计等功能。

13. 数据库漏扫也被称为________________。

（三）判断题

1. 大数据可以在一定时间范围内通过常规软件工具进行捕捉、管理和处理。 （ ）

2. 大数据是一种信息化资产。 （ ）

3. 零售行业可以通过大数据了解客户的消费喜好和趋势，从而对商品进行精准营销，降低营销成本。 （ ）

4. 通过大数据不能对客户画像进行分析。 （ ）

5. 金融行业利用大数据技术可以为客户设计金融产品，可以更好地进行风险管控、精准营销，可以提供有力的决策支持。 （ ）

6. 针对互联网系统的数据采集可以通过网络“爬虫”工具来实现自动采集工作。 （ ）

7. 数据分析是大数据处理的第一步。 （ ）

8. 可视化和人机交互是数据解释的主要技术。 （ ）

9. 在大数据分析过程中，数据解释与展现主要包括提取结果、可视化展现等内容。 （ ）

10. 确保大数据的完整性、可用性和保密性，不受信息泄露和篡改的安全威胁影响，是大数据行业健康发展所要考虑的核心问题。 （ ）

（四）简答题

1. 大数据的发展主要经历了哪几个阶段？各个阶段的时间和代表性事件是什么？

2. 请简述大数据分析的步骤。

3. 2021 年，工业和信息化部发布《“十四五”大数据产业发展规划》，提及了我国大数据产业将面临的形势，明确了推动大数据产业高质量发展的保障措施等，你认为在未来 5 年中，大数据产业将迎来哪些变革？

4. 2023年5月12日至13日，第6届全国高校大数据与人工智能教学研讨会在厦门举办，请搜索本次大会的相关信息，说明本次大会的开展目的，以及大数据的未来发展趋势。

5. 一种行之有效的数据库加密技术应该包含哪些方面的功能？

（五）操作题

1. 随着大数据技术的飞速发展，大数据应用已经融入各行各业。请按照表4-2所示的示例，对大数据在农业、金融、教育、医疗等行业的应用进行分析。

表4-2 大数据在各行业的应用

行业	应用案例
电商	示例：通过采集和分析目标消费者的购物习惯、风格和行为等数据，预测消费者的购物喜好，向不同的消费者推送不同的广告，从而实现精准营销，提升营销效率
农业	
金融	
教育	
医疗	

2. 大数据的应用在人们的日常生活中已经十分常见，搜索大数据在日常生活中的应用资料，并将与自己联系紧密的大数据应用场景或现象填入表 4-3 中。

表4-3　大数据在日常生活中的应用场景或现象

日常	应用场景或现象
网上购物	示例：淘宝首页会推荐用户浏览、收藏或购买过的商品
短视频推送	
健康检测	
新闻推送	
GPS 导航	

四、课后总结

请回顾本项目内容，对项目知识的学习情况进行总结。

1. 学习重难点

2. 学习疑问

3. 学习体会

模块5

程序设计入门
——体验程序的神奇

项目 5.1　了解程序设计

一、学习目标

知识目标

◎ 了解程序设计的基本理念。
◎ 了解算法的概念。
◎ 熟悉主流的程序设计语言和它们的特点。

技能目标

◎ 能够理解并应用算法。
◎ 能够搭建程序设计的开发环境。

素养目标

◎ 养成科学、严谨的程序设计态度。
◎ 培养基于程序设计的学习能力、思考能力、实践能力和动手能力。

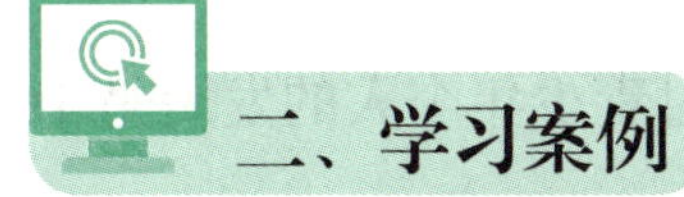

二、学习案例

案例 1 应用软件是如何诞生的?

小红最近很喜欢使用一款阅读软件，这款阅读软件可以搜索图书名称、查看图书信息，可以借阅电子图书，或者将喜欢的图书收藏到自己的“书架”，可以使用电子语音朗读书本中的内容，还可以发表读书感言，甚至与其他“书友”交流互动。小红感到很好奇：“为什么这个软件可以实现这么多功能？这些功能又是如何实现的？”

她忍不住在网络中搜索“一款应用软件究竟是如何做出来的？”这一问题。

关于这一问题，很多网友给出了答案。有人说，一款应用软件的诞生需要经过很多阶段：产品经理要给出产品原型；设计人员要完善产品功能和界面；开发人员需要对产品功能进行开发，让产品得以正常运行；测试人员还需要测试产品并反馈问题，以便设计人员、开发人员进行修正。

而有的人说，设计一款应用软件先要了解用户需求，接着再进行原型设计、UI 设计，并搭建框架、设计前端和后端、开发产品功能、调整细节，后期还需要不断地维护更新。

小红这才知道，应用软件的设计并不是一件简单的事情。

请结合案例思考以下问题。

（1）你认为一款应用软件是如何制作出来的?

（2）你平时接触或使用过哪些软件？这些软件的哪些功能你比较喜欢?

（3）你觉得凭借个人能力能否完成软件设计的一系列工作?

（4）你对青少年学习程序设计有什么样的看法?

案例 2 青少年编程

一个 16 岁的巴西少年，在一个月活跃用户超过 9000 万的在线创作游戏平台上编写开发了一款非常受欢迎的游戏，并获得了不菲的收入。这个平台中，80% 的用户都是 18 岁以下的青少年，90% 以上的开发者处于 14 ～ 24 岁。

早在 2017 年 7 月，在国务院印发的《新一代人工智能发展规划》中就明确提出了“鼓励社会力量参与寓教于乐的编程教学软件、游戏的开发和推广”。上述平台虽然以推出游戏为主，但其本质上仍是一个有利于编程教学的平台。平台中的青少年可以借助平台提供的功能学习简易编程、提升编程能力，甚至与其他开发者交流。

在当下，人们的生活、工作已经难以离开互联网和电子终端，上班族利用“钉钉”打卡、开会，利用计算机和各种应用软件开展工作；学生利用各种互联网平台和工具上课、学习、完成作业、开展课后实践；普通大众通过手机阅读新闻、观看视频、购买商品，人们在电子终端中使用的这些应用软件，都需要程序设计人员进行设计和开发。而让青少年能够在人生的早期更好、更有效地接触和学习程序设计知识并具备编程能力，对青少年个人的发展是十分重要和有益的。

请搜集与编程相关的资料，思考以下问题。

（1）很多人都认为编程很难，你认为学习编程的困难有哪些？

（2）你是否了解过一些青少年程序设计人员的故事？是否对编程产生过兴趣？

（3）假设你掌握了编程的知识，你最想要设计并开发一款什么样的产品或实现什么样的功能？

（4）你认为当代青少年是否应该培养自己的编程能力？培养编程能力有什么好处？

三、课堂测验

（一）选择题

1. ［单选］（　　）是人类和计算机沟通的工具。

A. 程序语言　　B. 具有对应关系的语言

C. 书面语言　　D. 成系统的语言

2. ［单选］程序设计的目的就是将（　　）按照一定的顺序组织起来。

A. 程序语言的语法　　B. 自然语言的语句

C. 程序语言的语句　　D. 自然语言的语法

3. ［单选］通过（　　）可以指挥计算机去完成某个任务，以帮助人类解决更多的问题。

A. 程序应用和安装　　B. 程序设计

C. 系统软件设计　　D. 系统安装和使用

4. ［单选］程序设计是（　　）的过程。

A. 给出解决特定问题的程序

B. 给出解决所有问题的程序

C. 将程序应用到电子终端

D. 将程序安装到电子终端，并保证其正常运行

5. ［多选］优秀的程序应该（　　）。

A. 易于测试和调试　　B. 易于修改

C. 易于维护　　D. 简单

E. 效率高

6. ［单选］如果测试人员可以快速定位到程序中需要测试或调试的指定内容，并完成测试与调试，这说明该程序设计（　　）。

A. 简单　　B. 易于修改

C. 效率高　　D. 易于测试和调试

7. ［单选］程序运行错误的情况是难以完全避免的，当程序运行出现错误时，程序设计人员就需要对代码进行修改，从这个角度来看，程序设计应该（　　）。

A. 易于维护　　B. 简单

C. 易于修改　　D. 易于测试和调试

8. ［单选］如果程序（　　），则更有利于进行程序的测试、调试、维护与修改等工作。

A. 结构完整　　B. 设计简单

C. 编写流畅　　D. 算法运用复杂

9. ［单选］程序设计应该秉持“效率高”的理念，这里的效率高是指（　　）。

A. 程序运行后发挥的作用非常高效，可以快速、准确、稳定地解决问题

B. 整个程序设计简单，易于测试、调试、维护与修改

C. 能快速定位到需要测试或调试的内容

D. 方便程序的修改和维护

10. ［单选］算法可以简单地理解为（　　）。

A. 探索问题的具体思路和方法

B. 对整个程序设计过程的计算和评估

C. 解决问题的思路、方法，以及评估问题的步骤

D. 解决问题的具体方法和步骤

11. ［多选］算法具备（　　）等重要特征。

A. 有穷性　　B. 确切性　　C. 可行性

D. 有输入项　　E. 有输出项

12. ［单选］算法的（　　）特征，是指算法必须能在执行有限个步骤之后终止。

A. 有穷性　　B. 可行性

C. 有输入项　　D. 有输出项

13. ［单选］算法的（　　）特征，是指算法的每一个步骤必须有确切的定义。

A. 确切性　　B. 可行性

C. 有穷性　　D. 有输出项

14. ［单选］一个算法应该（　　）输入。

A. 有且仅有两个　　B. 有 1 个

C. 有且仅有 1 个　　D. 有 0 个或多个

15. ［单选］一个算法应该（　　）输出。

A. 有且仅有 1 个　　B. 有 0 个或多个

C. 有且仅有 0 个　　D. 有 1 个或多个

16. ［单选］（　　）是程序设计的核心。

A. 设计算法 B. 计算数据

C. 确定输出项 D. 确定输入项

17. ［单选］可以采用（ ）、流程图等方式来表示一个算法。

A. 设计算法 B. 程序语言

C. 自然语言 D. 书面语言

18. ［单选］算法中的处理框的含义是（ ）。

A. 算法中常量的赋值与技术 B. 算法中变量的赋值与技术

C. 算法中变量的输入或输出 D. 算法中常量的输入或输出

19. ［单选］算法中的判断框的含义是（ ）。

A. 对一个给定的条件进行判断 B. 对一个给定的数据进行判断

C. 对一个未知的条件进行判断 D. 对一个未知的数据进行判断

20. ［单选］算法中的（ ）可将画在不同地方的流程线连接起来。

A. 连接点 B. 输入 / 输出框

C. 判断框 D. 起止点

21. ［多选］下列选项中，属于主流程序设计语言的有（ ）。

A. C 语言 B. C++

C. Java D. Python

E. PHP

22. ［单选］（ ）的设计目标是以简易的方式编译、处理低级存储器、产生少量机器码，以及不需要任何运行环境支持就可以运行。

A. Python B. C++ C. Java D. C 语言

23. ［单选］（ ）是 C 语言的延伸，它进一步扩充和完善了 C 语言的功能。

A. C++ B. PHP C. Java D. Python

24. ［多选］C++ 支持（ ）等多种程序设计风格。

A. 过程化程序设计 B. 数据抽象

C. 面向对象程序设计 D. 泛型程序设计

25. ［单选］Java 吸收了 C++ 的优点，同时还摒弃了 C++ 中难以理解的（ ）等概念。

A. 多继承、指针 B. 多继承、野指针

C. 指针、指针变量 D. 低级存储器、机器码

26. ［多选］Java 作为一种面向对象的编程语言，具有（ ）等特点。

A. 简单性、面向对象 B. 分布式、安全性

C. 平台独立与可移植性 D. 单线程、动态性

27. ［单选］（ ）能够把用其他语言制作的各种模块（尤其是 C 语言和 C++）很轻

松地连接起来。

A. C语言　　B. C++　　C. Java　　D. Python

28. [单选]页面超文本预处理器是一种（　　），它吸收了C语言、Java等的特点。

A. 面向对象的编程语言　　B. 自然语言

C. 胶水语言　　D. 通用开源脚本语言

29. [多选]下列选项中，属于常见的算法思想的有（　　）。

A. 穷举算法思想　　B. 递推算法思想

C. 递归算法思想　　D. 分治算法思想

30. [单选]（　　）可以简化代码编写，提高程序的可读性，但不合适的递归算法会导致程序的执行效率变低。

A. 分治算法思想　　B. 穷举算法思想

C. 递归算法思想　　D. 递推算法思想

（二）填空题

1. ________是指挥计算机进行运算或工作的指令集合。

2. 程序设计往往以某种________为工具。

3. 程序是________（语句）的序列。

4. 程序运行如果出现错误，就需要对________进行修改。

5. 为了保证程序的正常运行，完成程序设计后，程序设计人员需要不停地对程序进行维护。因此在进行程序设计时，不仅要让程序易于修改，还要________。

6. 程序的好坏与________紧密相关。

7. ________是对解决问题的方法的精确描述。

8. 算法的________特征是指算法中的每个计算步骤都可以在有限时间内完成。

9. ________个输入是指算法本身设定了初始条件。

10. 一个算法应该有________，主要用以反映对输入数据加工后的结果。

11. 用自然语言表示算法就是用________描述每一步操作。

12. 在算法中，更多的是采用________的方式。

13. 在算法中，▭被称作________。

14. 在算法中，◇被称作________。

15. 在算法中，▱被称作________。

16. 在算法中，起止框代表着算法的________。

17. 算法中的________用于补充说明流程图中的部分内容。

18. ________是最初的程序设计语言。

19. ________是一门通用的计算机编程语言。

20. ________________是面向对象的计算机程序设计语言。

21. Python 具有丰富和强大的库，被称为________________。

22. 页面超文本预处理器简称________________。

23. ________________主要应用于 Web 开发领域。

24. 在常见的算法思想中，________________思想主要依赖于计算机强大的计算能力来穷尽每一种可能的情况，从而达到求解问题的目的。

25. 在常见的算法思想中，________________思想是一种化繁为简的思想，往往应用于计算步骤比较复杂的问题，通过简化问题来逐步得到结果。

（三）判断题

1. 语言是人类交流的重要工具之一，不同的语言有不同的表现形式和结构。（　　）
2. 人们主要通过日常生活中使用的自然语言来设计程序。（　　）
3. 大型程序的代码比较复杂，甚至能达到十几万行到几十万行。（　　）
4. 如果程序设计简单，就能更好地完成设计工作，提高设计效率。（　　）
5. 程序修改与程序优化都是“牵一发而动全身”。（　　）
6. 优秀的程序，其内容往往是十分复杂的。（　　）
7. 设计程序时应该考虑有没有更简单的解决问题的途径，让整个程序的设计变得更加简单。（　　）
8. 优秀的程序，其运行起来往往非常高效。（　　）
9. 算法代表着用系统的方法描述解决问题的策略的机制。（　　）
10. 算法中的输出项主要用以刻画运算对象的初始情况。（　　）
11. 使用自然语言表示算法时，容易产生歧义。（　　）
12. 判断框有一个入口，两个出口。（　　）
13. 输入 / 输出框主要用于算法中常量的输入或输出。（　　）
14. 算法中的流程线代表着流程的路径和方向。（　　）
15. 注释框并非流程图的必要组成部分。（　　）
16. 程序设计语言从最初的机器语言、汇编语言，发展到了现在的高级语言、非过程化语言。（　　）
17. C 语言的应用范围十分狭窄。（　　）
18. 使用 Java 可以编写桌面应用程序、Web 应用程序、分布式系统和嵌入式系统应用程序等。（　　）
19. 使用 Python 生成的程序，如果需要对内容进行修改，可以用 C 语言或 C++ 重新设计。（　　）
20. 用 PHP 制作动态页面与用其他编程语言相比，效率要低很多。（　　）

21. 穷举算法思想效率较高，适用于一些没有明显规律可循的场景。 （ ）

22. 递推算法思想在数学计算等场合有着广泛的应用，适合有明显公式规律的场景。 （ ）

23. 算法是程序的核心，算法思想则是算法的灵魂。 （ ）

24. 要解决一个问题，可以用多种算法，但要判断哪种算法更合适，就要依赖算法思想。 （ ）

25. 分治算法思想可以化繁为简，提高程序的可读性，即使是不合适的分治算法思想，对程序执行效率的影响也不大。 （ ）

（四）简答题

1. 什么是程序设计?

2. 程序设计的基本理念是什么?

3. 什么是算法?

4. 简述算法流程图中规定的各种图形及其对应的名称和含义。

5. 现在主流的程序设计语言有哪些？每一种语言的作用和优势是什么?

6. 常见的算法思想有哪些？各种算法思想适用于什么情况？

7. 求解 1~100 中为 17 倍数的数字的个数。请简述按照穷举算法思想，如何得出结果。

8. 假设每对兔子每个月可以繁殖出一对小兔子，新生的每对兔子从第 3 个月开始也可以每个月繁殖出一对小兔子；假设最初只有一对兔子，且兔子不死亡，那么在第 20 个月的时候，兔子的总对数为多少？请简述按照递推算法思想，如何得出结果。

9. 假设一个箱子中装有 20 个盒子，每个盒子的外形是一模一样的，但在这 20 个盒子中，有一个盒子中没有装东西，比其他盒子轻，现在要从这个箱子中找出没装东西的盒子。请简述按照分治算法思想，如何得出结果。

（五）操作题

1. 某同学要绘制一个简单的算法流程图。用自然语言表示：①输入 a 的值；②如果 $a \geqslant 0$，则输出 a 的值；③如果 $a < 0$，则输出 -a 的值。请你将该算法的自然语言用流程图表示出来。

2. 某同学要绘制一个计算矩形面积的算法流程图。用自然语言表示为：①输入长度变量 a、输入宽度变量 b；②判断 a 和 b 是否大于 0，如果都大于 0，执行步骤③，否则提示长度和宽度输入错误，算法结束；③计算 a 和 b 的乘积，输出并显示乘积结果 S。请你将该算法的自然语言用流程图表示出来。

3. 按下列要求搭建 Python 开发环境，做好程序设计的准备。

（1）下载 Python 安装程序，并完成安装。

（2）打开“运行”对话框，在其中的下拉列表框中输入“cmd”。

（3）打开命令提示符窗口，在其中输入“Python”并按【Enter】键，验证 Python 开发环境的搭建是否成功。

四、课后总结

请回顾本项目内容，对项目知识的学习情况进行总结。

1. 学习重难点

2. 学习疑问

3. 学习体会

项目 5.2 设计简单程序

一、学习目标

知识目标

◎ 了解程序设计的一般流程。
◎ 了解不同数据在程序中的含义和作用。
◎ 熟悉程序设计的流程控制语句。
◎ 熟悉程序设计语言的外部功能库。

技能目标

◎ 能够使用Python设计一个简单的程序。
◎ 能够使用和导入外部库。

素养目标

◎ 注重程序开发的准确性和严谨性。
◎ 培养认真、仔细的学习态度。
◎ 培养学习思维的科学性、规范性和严肃性。

二、学习案例

案例 1 人工智能时代的“通用”语言

小婷有一个 4 岁的表妹，在少儿编程兴趣班学习了 3 个月后，独立用积木搭建了一个“抽屉”，只要推动上方的开关，下方的抽屉就会打开，如果将抽屉关上，上方的开关就会自动复位。表妹在制作了这个抽屉后，老师立刻将抽屉展示在了班级的展示台上，还给表妹发了一张大大的奖状。

小婷在见到这个用积木搭建的抽屉后，十分惊讶。她想，一个不到 5 岁的小朋友竟然可以独立制作出设计如此巧妙的抽屉。看到小婷一脸的不可思议，表妹的兴趣班老师打趣她说：“没想到表妹这么厉害吧？你来学一学编程思维，你能更加厉害。”

小婷不由得也对编程产生了一些兴趣，她问老师：“什么是编程思维？”老师回答说：“简而言之，编程思维就是高效解决问题的思维方式，遇到复杂问题，我们要先将其拆解成一系列好解决的小问题，再单独检视、思考，找到每一个小问题的解决方案，然后形成解决思路，最后设计步骤并执行，直到解决这个复杂的问题。”

老师还说：“在 5G、物联网、AI 机器人、自动驾驶、区块链等高新技术飞速发展的时代，计算机代码正在成为下一个世界通用‘语言’，你们这些处在信息和智能高度发展时期的青少年们，应该学习编程思维，掌握编程能力，这样才能够更加得心应手地应对更加信息化的未来。”

请结合案例思考以下问题。

（1）谈一谈你对编程思维的理解。

（2）现在，无论是国家、社会还是学校，都开始重视并推进青少年编程的教育，你对学习编程是什么态度？

案例 2　青少年编程教育的趋势

2016 年教育部印发《教育信息化“十三五”规划》，将信息化教学能力纳入了学校办学水平考评体系。2017 年印发的《新一代人工智能发展规划》中，明确提出要在中小学阶段逐步推广编程教育。《普通高中课程方案和语文等学科课程标准（2017 年版）》明确提出了要全面提升学生信息素养，并将信息技术课程设为基础课程，还单独列出了课程标准，其中多次提及“编程”。《教育信息化 2.0 行动计划》也明确提出了要适应信息时代、智能时代发展需要，充实人工智能和编程课程内容。

青少年编程教育逐步成为各地各学校的教育重点之一。2018 年，重庆市教委下发《重庆市教育委员会关于加强中小学编程教育的通知》，要求各中小学开足、开齐编程教育课程，小学 3 至 6 年级累计不少于 36 课时、初中阶段累计不少于 36 课时，并提出小学阶段感受编程思想，初中阶段将解决实际问题与算法思想形成联结，高中阶段掌握一种程序设计语言的基本知识等要求。

《新一代人工智能发展规划》明确了我国新一代人工智能发展的目标：到 2030 年，我国人工智能理论、技术与应用总体达到世界领先水平，成为世界主要人工智能创新中心。人工智能是科创前沿技术，人工智能的构思设想离不开编程语言，因此加强编程学习是发展人工智能必不可少的基础阶段。而作为未来人工智能发展的中坚力量，青少年的编程教育显得尤为重要。

请搜集青少年编程教育的相关材料，思考以下问题。

（1）你认为我国对青少年编程教育如此重视的原因是什么？

（2）你觉得中职学生在学习编程知识时，学习重点与中小学的有何不同？

（3）你认为青少年编程教育可以培养青少年的哪些素质和能力？

（4）你了解过哪些青少年编程课程，你对这些课程感兴趣吗？

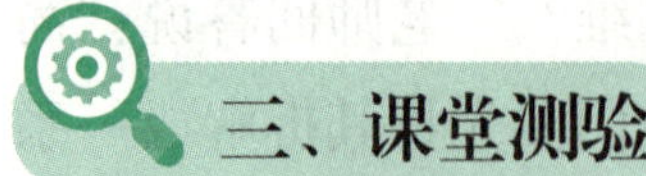

三、课堂测验

（一）选择题

1. ［多选］程序设计的一般流程包括（　　）。

   A. 分析问题　　B. 设计程序

   C. 编辑、编译和连接程序代码　　D. 测试程序

   E. 编写程序文档

2. ［多选］在程序设计中，分析问题时应该明确（　　）。

   A. 要解决的目标问题是什么

   B. 需要输入的问题是什么？已知条件有哪些？还需要说明其他什么内容？使用什么格式

   C. 期望的输出是什么？需要什么类型的报告、图表或信息

   D. 数据具体的处理过程和要求是什么

   E. 要建立什么样的计算模型

3. ［单选］现在的程序设计语言一般都自带（　　），在其中可以输入程序代码。

   A. 编辑器　　B. 译码器

   C. 输入框　　D. 计算程序

4. ［单选］（　　）必须通过编译程序翻译成目标程序。

   A. 自带编辑器　　B. 源程序

   C. 自带输入框　　D. 程序语言

5. ［单选］通过连接程序将目标程序和程序中所需要的系统中固有的目标程序模块连接后，即可生成（　　）。

   A. 可阅读文件　　B. 源程序

   C. 可执行文件　　D. 最终程序

6. ［单选］测试程序的目的是（　　）。

   A. 将要解决的问题分解成一些容易解决的子问题

   B. 组织程序模块

   C. 找出程序中的错误，以便加以修正和改善

   D. 说明并验证程序的运行

7. ［单选］程序文档主要包括（　　）。

A. 程序使用说明书和程序维护说明书

B. 程序使用说明书和程序技术说明书

C. 程序技术说明书和程序维护说明书

D. 程序编译说明书和程序使用说明书

8. ［多选］程序设计方法主要包括（　　）这几种。

A. 面向过程的程序设计方法

B. 面向对象的程序设计方法

C. 面向结论的程序设计方法

D. 面向问题的程序设计方法

9. ［单选］Python 中一般使用（　　）来表示常量。

A. 大写变量名　　B. 小写变量名

C. 斜体　　D. 粗体

10. ［单选］在 Python 中使用变量时，“a=10”表示（　　）。

A. 数值“10”等同于变量“a”

B. “a”是一个代表具体数值的常量

C. 将值“10”赋予变量“a”

D. “a”是一个代表具体数值的常量，且值为“10”

11. ［多选］下列属于运算符的有（　　）。

A. 算术运算符　　B. 关系运算符

C. 简单运算符　　D. 逻辑运算符

12. ［单选］下列关于运算符优先级的描述，正确的是（　　）。

A. 正号 / 负号 > 幂 > 乘 / 除 / 取余 / 取整除 > 加 / 减

B. 正号 / 负号 > 乘 / 除 / 取余 / 取整除 > 加 / 减 > 幂

C. 正号 / 负号 > 乘 / 除 / 取余 / 取整除 > 加 / 减 > 幂

D. 幂 > 正号 / 负号 > 乘 / 除 / 取余 / 取整除 > 加 / 减

13. ［单选］“8//3，返回商数 2”运用了（　　）运算。

A. 取余　　B. 取整除　　C. 幂　　D. 除

14. ［单选］（　　）是程序设计语言内部预设的一段程序。

A. 表达式　　B. 公式

C. 函数　　D. 编程语言

15. ［单选］表达式是由（　　）等连接起来的式子。

A. 常量、变量、运算符、函数

B. 文本、字母、数值、运算符

C. 文本、字母、数值、公式、运算符、函数

D. 常量、变量、公式、函数

16. ［单选］Python 中的语句即（　　），一条语句对应一行代码。

A. 函数　　B. 代码　　C. 公式　　D. 数值

17. ［单选］Python 中的语句“ print(" 取票成功 ")”表示（　　）。

A. 突出文字“取票成功”　　B. 显示文字“取票成功”

C. 输出文字“取票成功”　　D. 跳转到“取票成功”页面

18. ［单选］Python 中注释的作用是（　　）。

A. 理解程序语言，同时方便对语言进行修改

B. 说明程序

C. 解释程序语言设计的理由和标准

D. 理解程序的含义，或对语句进行说明

19. ［单选］Python 中常用的流程控制语句主要有（　　）两大类。

A. 条件语句和判断语句

B. 条件语句和循环语句

C. 循环语句和判断语句

D. 判断语句和选择语句

20. ［单选］使用（　　）可以通过判断一个条件表达式是否成立，即条件结果是真（True）还是假（False）来分别执行不同的代码。

A. 条件语句　　B. 循环语句

C. 判断语句　　D. 选择语句

21. ［单选］表达式“if 90<= score <=100:print('A')”表示（　　）。

A. 如果输入的分数大于或等于 90 且小于或等于 100，则输出“A”

B. 如果输入的分数大于或等于 90，或者小于或等于 100，则输出“A”

C. 如果计算结果大于或等于 90 且小于或等于 100，则提示“A”

D. 如果计算结果大于或等于 90，或者小于或等于 100，则提示“A”

22. ［单选］如果希望当条件为 True 和为 False 时各自执行不同的代码，可以使用（　　）。

A. 单 if 语句　　B. if...elif...else 语句

C. else 语句　　D. if...else 语句

23. ［多选］在 Python 程序设计语言中，常用的循环语句有（　　）。

A. for 循环语句　　B. if 循环语句

C. while 循环语句　　D. if...else 循环语句

24. [单选]for 语句在执行时，会依次访问序列项目中的每一个元素，每访问一次，就将该元素的值赋给（　　）并执行一遍循环体中的代码。

A. 元素变量　　B. 函数
C. 元素常量　　D. 公式

25. [单选]比较排序俗称冒泡排序，它需要重复访问要排序的对象，并（　　），如果顺序错误就将其进行交换。

A. 依次比较所有元素　　B. 依次比较两个元素
C. 整体比较所有元素　　D. 依次比较多个元素

26. [单选]选择排序首先会在未排序的序列中找到最小元素或最大元素，并将其存放到序列的（　　）。

A. 结束位置　　B. 任意位置
C. 固定位置　　D. 起始位置

27. [多选]Python 中的函数包括（　　）这几种。

A. 基础函数　　B. 库函数
C. 内置函数　　D. 自定义函数

28. [单选]float()、int()、range() 等函数在 Python 中被称作（　　）函数。

A. 库　　B. 基础
C. 自定义　　D. 内置

29. [单选]Python 中的（　　）包括 Python 的标准函数库函数和第三方开发的模块库函数，它们提供了许多实用的函数。

A. 内置函数　　B. 基础函数
C. 库函数　　D. 自定义函数

30. [单选]在 Python 中定义函数要使用关键词（　　）。

A. def　　B. dfe　　C. in　　D. of

（二）填空题

1. 任何复杂高级的程序，都是在____________基础上开发而形成的。
2. ____________是指要弄清楚编写这个程序的目的和要解决的实际问题。
3. 在分析问题的基础上，可用____________来描述模型。
4. 在程序设计语言的自带编辑器中，可以输入____________。
5. 程序文档相当于一个____________。
6. 面向____________的程序设计方法是一种以过程为中心的编程思想，将一个大程序分割成若干个较小、较容易管理的小程序模块。

7. 面向________________的程序设计方法是将存在于日常生活中的对象概念应用到软件设计的思维中。

8. 面向问题的程序设计方法只需指出要计算机做什么，以及________________的输入和输出形式，就能得到所需结果。

9. 在 Python 中使用变量时，都需要为变量________________。

10. 表达式“4%3”返回余数________________。

11. Python 中可在语句后使用________________进行注释，其后面的注释内容均不会被程序执行。

12. 程序设计语言在执行时默认按照代码顺序________________执行。

13. 使用 if...else 语句时，若条件表达式的值为 True，则执行________________；若条件表达式的值为 False，则执行________________。

14. if...elif...else 语句在执行时，若所有条件表达式的计算结果均为________________，则执行 else 部分的语句组。

15. ________________是程序设计中较常使用的一种循环形式，其循环次数是固定的。

16. Python 的 for 循环中的序列项目是由多个数据类型相同的数据组成的，序列中的数据称为________________。

17. ________________通过一个条件表达式来判断是否需要进行循环。

18. 当程序遇到 while 循环时，会先判断条件表达式的值，如果为________________，则执行一次循环体中的代码，完成后会再次判断条件表达式的值，直到条件表达式的值为________________时退出循环。

19. 典型算法是程序设计时经常出现的算法，如________________、________________等。

20. ________________函数是 Python 自身所提供的函数。

21. 使用Python中的________________函数之前，需要先使用import语句引入该函数模块。

22. ________________函数是由程序员自行编写的函数。

（三）判断题

1. 掌握简单的程序设计方法，有助于人们更深入地接触程序设计的相关知识。（　　）

2. 在设计程序时，如果要处理较复杂的问题，可先将要解决的问题分解成一些容易解决的子问题，每个子问题将作为程序设计的一个功能模块，再考虑如何组织程序模块。（　　）

3. 在程序设计语言的自带编辑器中，不可以对输入的程序代码进行复制、删除、移动等编辑操作。（　　）

4. 源程序可以被计算机直接运行。（　　）

5. 测试数据应是以“任何程序都是有错误的”假设为前提精心设计出来的，以便更好地检查程序是否有潜在的错误。（　　）

6. 程序文档对程序的使用、维护、更新有着重要的作用。（　　）

7. 面向过程的程序设计方法可以以一种更生活化、可读性更高的方式进行设计，使开发出来的程序更容易扩充、修改及维护。（　　）

8. 面向问题的程序设计能够快速地构建应用系统，大大提高软件的开发效率。（　　）

9. 常量即始终保持不变的数据，变量即变化的数据。（　　）

10. 运算符用于表示运算结果。（　　）

11. 表达式“4**2”表示4的2次方。（　　）

12. 程序设计中的函数包括函数名、参数和返回值，可以反复执行。（　　）

13. 为了达到某个目的需要强制改变程序的执行顺序时，需要使用流程控制语句。（　　）

14. if...elif...else语句在执行时，若条件表达式的计算结果为True，则执行相应的语句组，否则返回计算上一个条件表达式。（　　）

15. 如果要在屏幕上显示100个A，则可以利用循环语句重复运行100次print语句实现该效果。（　　）

16. 如果程序设计中所需要执行的循环次数固定，那么while循环就是最佳选择。（　　）

17. Python的while循环是通过访问某个序列项目来实现的。（　　）

18. 排序是指将一串记录按照其中的某个或某些关键字的大小，递增或递减排列。（　　）

19. 排序算法就是使记录按照要求排列的方法。（　　）

20. 在程序设计中使用函数，可以将复杂的问题分解为简单的问题，并且函数能够被反复调用。（　　）

21. Python中的库函数可以直接在程序中被调用。（　　）

22. 在Python中使用自定义函数时，首先要定义该函数，然后才能调用它。（　　）

（四）简答题

1. 请简述程序设计的一般流程。

2. 程序使用说明书和程序技术说明书通常包含哪些内容？

3. 以 Python 为例，简述程序设计语言的代码中涉及的各种数据，以及这些数据的用途。

4. 以 Python 为例，简述常用的流程控制语句，以及各语句的作用。

5. 绘制单 if 语句、if...else 语句和 if...elif...else 语句的执行流程图。

6. “输入的分数大于或等于 90 且小于或等于 100，则输出‘A’，否则输出‘B’。”怎么用 if...else 语句表示？

7. “输入的分数大于或等于 40 且小于或等于 50，则输出‘A’；输入的分数大于 30 且小于 40，则输出‘B’；输入的分数大于或等于 10 且小于或等于 30，则输出‘C’；输入的分数小于 10，则输出‘D’；否则输出‘请重新输入正确的分数！’。”怎么用 if...elif...else 语句表示？

8. 如果需要依次输出 1 ～ 100，语句表达式应该如何书写？

9. 什么是比较排序和选择排序？请分别简述它们的排序原理。

10. Python 中的几类主要函数是如何使用的？

（五）操作题

1. 按照下列要求，使用 Python 自带的编辑器 IDLE 开发一个登录程序（配套资源 :\ 效果文件 \ 模块 5\ 登录程序 .py），有 3 次输入账号、密码的机会，错误输入 3 次后账号将被锁定。

（1）启动 Python 自带的 IDLE 程序，选择“File”/“New File”命令，新建文档。

（2）在文档窗口中输入以下代码。

```
user = 'Yunfan'
paswd = 110114
username = input(" 请输入用户名 :")
password = input(" 请输入密码 :")
for i in range(3):
 if username == user and int(password) == paswd: # 判断用户名和密码是否匹配
   print(" 欢迎登录云帆国际 ")
   break
 elif i < 2:
   print(" 密码错误，重新输入 ")
   username = input(" 请输入用户名 :")
   password = input(" 请输入密码 :")
```

```
 elif i == 2:
  print(" 密码错误，账号已锁定 ")
  break
```

（3）在窗口中选择“File”/“Save”命令，保存文档。然后按【F5】键运行程序，查看程序运行效果。

2. 按照下列要求，使用 Python 自带的编辑器 IDLE 开发一个“数字加法游戏”程序（配套资源 :\ 效果文件 \ 模块 5\ 数字加法游戏 .py），随机生成两个数字并相加，用户回答正确加 10 分，回答错误减 10 分，回答 5 次后计算总分。

（1）启动 Python 自带的 IDLE 程序，新建文档。

（2）在文档窗口中输入以下代码。

```
import random
grade = 0
for i in range(5):
  num1 = random.randint(1,100)
  num2 = random.randint(1,100)
  num4 = num1 + num2
  try:
   num3 = int(input(' 请回答 %s + %s = ?' % (num1,num2)))
   if num3 == num4:
     grade +=10
     print(' 回答正确加 10 分 , 目前分数 %s 分 '% grade)
   else:
     grade -=10
     print(' 回答错误减 10 分 , 目前分数 %s 分 '% grade)
  except ValueError:
    print(' 请输入数字 ')
  except (KeyboardInterrupt,EOFError):
    print(' 再见 ')
    break
print(' 总分为 %s 分 '% grade)
```

（3）保存文档，按【F5】键运行程序并完成 5 次计算，然后查看总分。

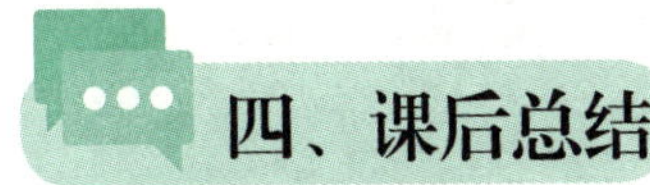

四、课后总结

请回顾本项目内容，对项目知识的学习情况进行总结。

1. 学习重难点

2. 学习疑问

3. 学习体会

模块6

数字媒体技术应用
——创造精彩纷呈的数字媒体作品

项目 6.1 获取数字媒体素材

一、学习目标

知识目标

◎ 了解数字媒体技术的原理、特点与应用情况。
◎ 掌握数字媒体的分类与获取方法。
◎ 了解各种数字媒体文件的类型、格式及特点。
◎ 掌握转换数字媒体文件格式的方法。

技能目标

◎ 能够清楚地表述数字媒体技术的原理、特点与应用情况。
◎ 能够通过各种途径获取不同的数字媒体资源。
◎ 能够清楚地区分各种数字媒体文件的类型、格式及特点。
◎ 能够对数字媒体文件格式进行转换。

素养目标

◎ 养成与时俱进的学习精神，关注数字媒体的未来发展。
◎ 培养善于观察身边事物、懂得以点概面，以及发现事物闪光点的能力。

二、学习案例

2022 年 2 月 4 日，北京冬奥会正式开幕，作为一个喜欢关注体育赛事的运动爱好者，小宇真是过足了眼瘾。在观看奥运赛事时，小宇不仅能够看到运动员参与竞赛的全过程，还能清晰地观看到他们争夺奖牌的每一个运动瞬间，运动员们在赛事中展示出的每一个动作、每一个姿态，甚至每一个细微的表情，都让小宇感受到了运动的无限魅力。

小宇忍不住将自己的感受与父母分享。小宇爸爸笑着说："北京冬奥会是数字媒体平台观看人数最多的一届冬奥会，这一届冬奥会的直播和转播效果受到了全世界运动爱好者的喜爱，这说明我们的数字媒体技术发展日新月异。"

北京冬奥会上究竟使用了什么数字媒体技术，让赛事直播这样精彩？小宇忍不住上网查询，发现北京冬奥会是奥运史上首次实现 8K 视频技术直播和重要体育赛事转播的冬奥会，该技术可以实现高清视频即拍即传，从而完美捕捉赛场上的每一个细节，快速、全面、细微地展示赛场上的每一个精彩瞬间，并呈现给所有观众。

请搜集相关信息，思考以下问题。

（1）你了解过北京冬奥会上使用的数字媒体技术吗？

（2）你认为数字媒体技术在我们的日常生活中可以发挥哪些作用？

（3）你在日常生活和学习中接触过哪些数字媒体技术，你认为这些数字媒体技术为你带来了哪些便利？

三、课堂测验

（一）选择题

1. ［多选］数字媒体技术包含（　　）等多种技术。

   A. 网络技术　　B. 移动互联网技术

   C. 数字技术　　D. 媒体与艺术

2. ［多选］数字媒体技术可以将（　　）等媒体信息通过计算机进行数字化加工处理。

   A. 文本　　B. 图像　　C. 动画　　D. 音频

   E. 视频

3. ［多选］数字媒体技术可以运用多种技术实现对数字媒体的（　　）。

   A. 获取　　B. 处理　　C. 存储　　D. 传输

   E. 管理

4. ［多选］下列属于数字媒体技术关键技术的有（　　）。

   A. 数据压缩技术　　B. 数字图像技术

   C. 数字音频技术　　D. 数字视频技术

E. 数字教育技术

5. ［单选］（ ）可以减少数据量，提高数据传输和处理的效率。

A. 数据压缩技术　B. 数字图像技术

C. 数字视频技术　D. 大容量信息存储技术

6. ［单选］（ ）可以通过数字化对声音进行录制、存放、编辑、压缩或播放。

A. 数字视频技术　B. 数字媒体专用芯片技术

C. 数字音频技术　D. 大容量信息存储技术

7. ［单选］（ ）可以为实现数字媒体技术提供强大而快速的计算能力。

A. 多媒体软件技术　B. 数字媒体专用芯片技术

C. 多媒体输入与输出技术　D. 大容量信息存储技术

8. ［多选］数字媒体技术的特点非常鲜明，主要包括（ ）。

A. 数字化　B. 交互性

C. 分散性　D. 集成性

9. ［单选］某公司为庆祝成立 50 周年，在多个城市上演灯光秀，这是通过（ ）在建筑物上打造出绚丽璀璨的灯光效果来实现的。

A. 大容量信息存储技术　B. 互联网技术

C. 数字媒体专用芯片技术　D. 数字媒体技术

10. ［单选］数字媒体技术能够实现（ ），让大众接收信息的方式从被动变为主动，这样更有利于信息的传播和接收。

A. 自动计算效果　B. 机器学习效果

C. 人机互动效果　D. 信息采集效果

11. ［单选］将绘制的作品扫描到全息投影设备中，让画面变得立体生动，这是借助了（ ）。

A. 数字媒体技术　B. 人工智能技术

C. 数字芯片技术　D. 云计算和物联网技术

12. ［单选］将文字、动画、声音、视频集于一体的演示文稿，体现了数字媒体技术的（ ）特点。

A. 数字化　B. 交互性

C. 分散性　D. 集成性

13. ［多选］下列选项中，离不开数字媒体技术的支持的有（ ）。

A. 网上购物　B. 宣传广告单

C. 报纸　D. 网上交易

14. ［单选］运用数字媒体技术可以在网页中以更精美、更优质的页面来展示内容信息，可以实现集（ ）于一体的数字营销，以便更好地吸引用户。

A. 文字、声音和图像　　B. 文本、语言和程序

C. 音乐、图像和代码　　D. 表单、程序和代码

15. ［单选］三维模拟教学、远程教学等是数字媒体技术（　　）体现。

A. 在视频通信方面的应用　　B. 在电子商务领域的应用

C. 在医疗诊断方面的应用　　D. 在教学方面的应用

16. ［单选］数字媒体技术可以更好地帮助医生治疗病人，可以将病人体内的病灶更好地显示出来，可以实时地反馈影像，可以（　　）等。

A. 进行远程微创手术　　B. 进行远程药物配送

C. 进行远程医疗会诊　　D. 进行医疗研究

17. ［单选］视频会议、视频电话、网络直播是数字媒体技术在（　　）方面的应用体现。

A. 视频通信　　B. 电子商务　　C. 医疗诊断　　D. 教学

18. ［多选］下列属于数字媒体技术在安防系统上的应用的是（　　）。

A. 入侵报警系统　　B. 视频安防监控系统

C. 出入口控制系统　　D. 防爆安全检查系统

19. ［单选］数字出版是指通过数字技术对（　　）进行编辑和加工，使用数字编码方式将图、文、声、像等信息存储在磁、光及电介质上。

A. 文字　　B. 出版内容

C. 图书、画册、报刊等读物　　D. 文字、影像

20. ［多选］常见的数字媒体包括（　　）。

A. 文字　　B. 图形图像　　C. 音频　　D. 视频

E. 动画

21. ［多选］数字媒体中的文字获取方式包括（　　）。

A. 键盘输入　　B. 文字扫描　　C. 语音识别　　D. 书写

22. ［单选］数字媒体中的音频素材可以通过（　　）、制作等方式获取。

A. 编辑　　B. 录制　　C. 美化　　D. 剪辑

23. ［单选］数字媒体中的视频主要是指可以存储（　　）的文件。

A. 动态影像　　B. 图形图像　　C. 画面　　D. 文字

24. ［单选］动画是集（　　）等众多艺术门类于一体的艺术表现形式。

A. 绘画、数字媒体、摄影、音乐　　B. 绘画、3D、摄影、音乐

C. 文字、报表、摄影、音乐　　D. 绘画、文字、音乐、表单

25. ［单选］数字媒体文件的主要类型包括（　　）。

A. 数据文件、文本文件、音频文件、视频文件、三维文件等

B. 文本文件、图形图像文件、音频文件、视频文件、动画文件等

C. 数据文件、文本文件、音频文件、视频文件等

D. 文本文件、音频文件、视频文件、信息文件等

26. ［单选］（　　）是微软在 Windows 系统中附带的一种文本文件格式。

A. TXT　　B. WPS　　C. HTML　　D. SWF

27. ［单选］下列属于图像文件格式的是（　　）。

A. WAV　　B. MP4　　C. PNG　　D. SWF

28. ［单选］由 WPS 文字创建的文档的格式是（　　）。

A. TXT　　B. JPG　　C. PNG　　D. WPS

29. ［单选］（　　）是无损压缩的图像文件格式，适用于呈现线条图、剪贴画及包含大块纯色的图片，可以保存动画文件。

A. TIFF　　B. JPG　　C. PNG　　D. GIF

30. ［单选］采集自然界中的图像、声音、影像等素材，也就是将这些模拟信号通过数字化工具转换成（　　），这样才能通过计算机进行处理。

A. 数字信号　　B. 数据　　C. 信号　　D. 计算机语言

（二）填空题

1. ________________将图像信号转换成数字信号，方便图像存储和传输。

2. 大容量信息存储技术可以通过磁存储、缩微存储、光盘存储、________________等实现数字信息的保存。

3. 通过多媒体________________设备实现信息的输入与输出。

4. ________________是运用各种软件技术增强处理多媒体信息的能力。

5. 数字媒体技术利用________________来处理各种数字媒体信息，不仅能够极大地提高处理效率，还有利于数字媒体信息的传播、分享和管理。

6. ________________可以综合处理和控制文字、符号、图像、动画、音频和视频等数字媒体信息，把这些信息按教学要求有机组合，能够实现一系列人机交互操作，从而提高教学质量。

7. 视频通信是通过数字媒体技术向用户传递________________的服务。

8. ________________是在计算机技术、通信技术、网络技术、存储技术、显示技术等技术的基础上发展起来的新兴出版产业。

9. 数字媒体中的图形图像主要有两种类型，即________________、________________。

10. ________________色彩逼真、表现力强，但占用空间大。

11. ________________是网页文本，能设置文本格式，广泛应用于互联网。

12. ________________是有损压缩的音频格式，能够大幅度地降低音频的数据量，可以满足绝大多数音频文件的应用场景的要求。

13. ________________是指用连续变化的物理量所表达的信息，因此又被称为连续信号。

14. ________________表示的数据可以被计算机存储、处理。

15. 数字媒体技术中的数字化，就是将模拟信号转换成________________的过程。

（三）判断题

1. 数字媒体技术广泛应用于电子商务、教育等各个领域。（　）

2. 多媒体软件技术是数字媒体技术的关键技术。（　）

3. 数字媒体专用芯片技术可以通过数字化记录视频，并将其复现。（　）

4. 数字媒体技术通常无法将多方位的、多层次的媒体对象，如文字、图像、声音、视频、动画等结合起来。（　）

5. 数字媒体技术在电子商务、教学、医疗诊断、视频通信、安防系统和数字出版等领域的应用十分广泛。（　）

6. 数字媒体技术的发展使安防系统集图像、声音和防盗报警于一体，还可以将数据存储以备日后查询，大幅提升安防系统的安全性。（　）

7. 位图可以无限放大且不会模糊。（　）

8. 通过手机不能获取数字媒体音频和视频素材。（　）

9. 获取视频可以采取拍摄、制作、录屏等方式。（　）

10. 可以通过语音识别的方式来获取文字素材。（　）

11. AVI 是一种音频和视频交错的视频文件格式。（　）

12. FLA 被广泛应用于网页设计、动画制作等领域，基本支持所有的操作系统和浏览器。（　）

13. FLA 不可以编译生成 SWF 文件。（　）

14. 模拟信号在一定的时间范围内可以有无限多个不同的取值。（　）

15. 模拟信号转换为数字信号的主要环节包括采样、量化、编码。（　）

（四）简答题

1. 什么是数字媒体技术？数字媒体技术的原理是什么？

2. 数字媒体技术有哪些特点？试着举例对其特点进行说明。

3. 我国拥有最大的互联网用户群体市场，数字媒体领域也具备极大的发展潜力和大量的机会。你认可这个观点吗？说一说理由。

4. 数字媒体技术的应用领域有哪些？试列举至少两个实例。

5. 列举数字媒体的主要类型，并分别说明每一种类型的数字媒体素材的获取方式。

6. 根据图 6-1，简述将模拟信号转换为数字信号的过程。

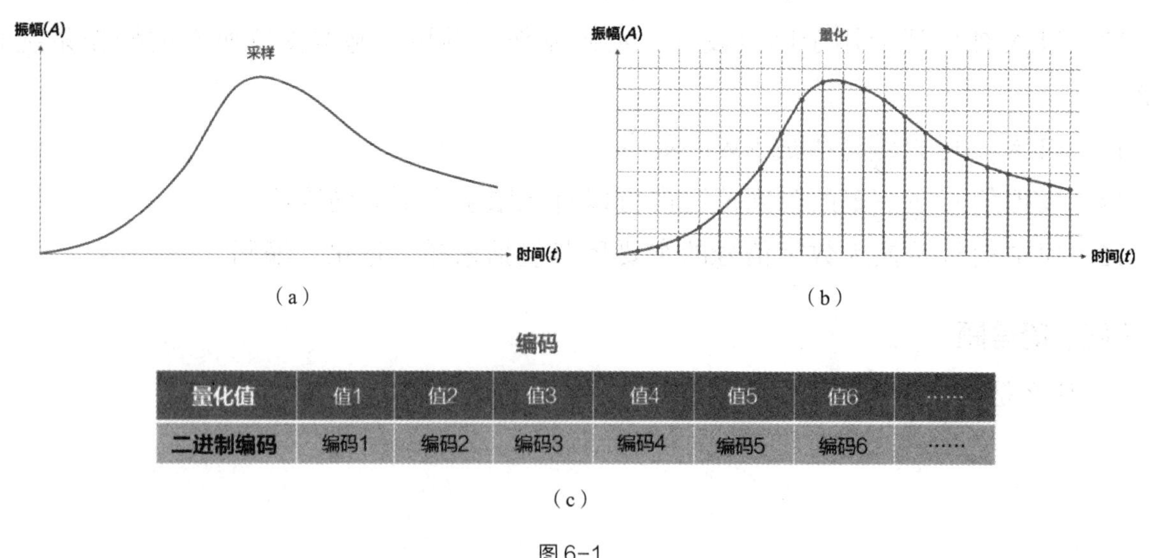

（a）　（b）

量化值	值1	值2	值3	值4	值5	值6	……
二进制编码	编码1	编码2	编码3	编码4	编码5	编码6	……

（c）

图 6-1

（五）操作题

1. 五四青年节之际，为了缅怀革命先烈，传承五四精神，某班级决定制作一个数字媒体作品，请你构思该数字媒体作品的内容，列举制作该数字媒体作品所需的各种数字媒体素材，并填入表 6-1 中。

表6-1 列举所需的数字媒体素材

类别	所需素材
文字	示例：讲述革命先烈故事的文字，描述新一代青年使命的文字
图形图像	
音频	
视频	
动画	

2. 在制作“缅怀革命先烈，传承五四精神”数字媒体作品时，需要搜集不同类型的数字媒体资源，请你列举搜集各种数字媒体素材的渠道，并填入表 6-2 中。

表6-2 列举数字媒体素材的搜集渠道

类别	搜集渠道
文字	示例：在计算机中编写关于“新一代青年使命”的内容，扫描书中关于“革命先烈故事”的内容
图形图像	
音频	
视频	
动画	

3. 按下列要求，在网站中搜索音频素材，下载与“缅怀革命先烈，传承五四精神”数字媒体作品风格相匹配的音频片段。

（1）在网络中搜索背景音乐素材，如在“Fugue”音乐网站中搜索并下载背景音乐素材。

（2）搜索并下载音效素材，如在“站长素材”网站中搜索并下载音效素材，并将下载的素材保存在本地计算机中。

4. 按下列要求，在网站搜索《觉醒年代》《功勋》等电视剧或电影，下载与革命先辈、民族功勋人物有关的视频片段，并将视频格式转换为 MP4，做好制作数字媒体作品的素材准备工作。

（1）下载并安装“格式工厂”。

（2）在视频网站中搜索并下载与革命先辈、功勋人物相关的电影或电视剧片段。

（3）使用“格式工厂”将下载的视频片段转换为 MP4 格式。

5. 按下列要求，在视频网站搜索《那年那兔那些事儿》动画，使用录屏软件录制所需要的视频片段，并将其保存为 SWF 格式。

（1）下载并安装 GifCam 或 Ocam 等录屏软件。

（2）在视频网站中搜索《那年那兔那些事儿》动画，选择所需的视频片段。

（3）启动录屏软件的录制功能，录制视频片段，并将其保存为 SWF 格式。

四、课后总结

请回顾本项目内容，对项目知识的学习情况进行总结。

1. 学习重难点

2. 学习疑问

3. 学习体会

项目 6.2　加工数字媒体素材

一、学习目标

知识目标

◎ 掌握图片编辑的理论知识与操作方法。
◎ 掌握音频编辑的理论知识与操作方法。
◎ 掌握视频编辑的理论知识与操作方法。
◎ 掌握动画制作的理论知识与操作方法。

技能目标

◎ 能够进行图片编辑操作。
◎ 能够进行音频编辑操作。
◎ 能够进行视频编辑操作。
◎ 能够进行动画编辑操作。

素养目标

◎ 熟练运用相关软件，提升动手能力。
◎ 培养独立设计与制作数字媒体作品的能力。

二、学习案例

案例 1　数字媒体的发展

GP Bullhound 发布的《2020 年第三季度亚洲市场趋势报告》数据显示，2020 年第三季度，腾讯在海外投资方面强烈偏爱数字媒体资产。阿里云发布的《2021 消费者数智化运营白皮书》提到，目前的消费者被数字媒体广泛影响，认知触点逐渐多元化。以消费者为中心的物流空间和数字空间被数字媒体全面覆盖，直播、短视频、社交媒体、电商成为品牌线上营销的主要形式。阿里巴巴集团所发布的 2021 财年第四财季财报中的数据也显示，来自数字媒体和娱乐业务的营收达到人民币 311.86 亿元。

Perkins Coie LLP 发布的《2022 年新兴科技趋势报告》提到，不同形式的数字娱乐之间的壁垒正在瓦解。音乐会以多种形式举行、美术馆提供沉浸式体验等，而已经引入互动内容的流媒体（流媒体是指采用流式传输的方式在 Internet/Intranet 播放的媒体格式，包含音频、视频、多媒体文件等）服务也将很快扩展到沉浸式现实领域。

2024 年 1 月 15 日至 16 日，以“领航新开局，共赢新生态”为主题的华为云生态大会 2024 隆重启幕。华为云在一场主题为“共建 AIGC 媒体基础设施，共赢数字世界新未来”的数字媒体交流会上分享了大模型时代下 AIGC 媒体基础设施的诸多能力和广泛应用，并和诸多合作伙伴深入探讨了华为云 AIGC 媒体基础设施在各行业的应用与实践。

现如今，数字媒体正向多元化、智能化的方向迈进，AIGC 正在重塑数字媒体的内容生产模式和生产力。

请结合案例思考以下问题。

（1）你认为数字媒体在未来可能有哪些发展？

（2）你认为数字媒体加工在数字媒体行业的发展中处于什么位置？

案例 2　对视频剪辑的兴趣

在第十六届中国长春电影节上，电影《长津湖》获得金鹿奖最佳影片、最佳剪辑两项大奖。这条新闻让喜爱影视作品的小鱼注意到一个词——剪辑。小鱼在上网的时候，很喜欢观看各种类型的短视频，包括影视剧剪辑，她原以为剪辑是对影视剧的二次创作，没想到影视剧作品的诞生也要依靠剪辑。为了进一步了解剪辑，她查找了一些相关知识，了解到影视剧作品受版权保护，根据《网络短视频内容审核标准细则》，未经授权不得剪辑改编影视剧；同时也了解到要想进行视频剪辑，就要学会视频编辑软件的用法，培养艺术思维，这样才能通过剪辑赋予视频作品新的生命。

请根据你对视频剪辑的理解，思考以下问题。

（1）你了解过视频剪辑吗？你觉得视频剪辑的主要工作内容是什么？

（2）你观看过短视频吗？你认为短视频是否经过剪辑？

（3）你对视频剪辑感兴趣吗？如果你掌握了视频剪辑的方法和技巧，你想用这项技能去做什么？

三、课堂测验

（一）选择题

1. ［单选］一个优秀的数字媒体作品，离不开（　　）。

A. 高质量的数字媒体素材　　B. 高雅而精妙的艺术思维
C. 优秀的数字媒体作品参考　　D. 制作者的灵光一现

2. [多选]下列选项中，属于图片编辑软件的有（　　）。
A. Photoshop　B. 美图秀秀　C. Illustrator　D. WPS 演示

3. [单选]在处理图片时，如果仅需要使用图片中的部分信息，可以（　　）。
A. 重新寻找合适的图片
B. 将图片中需要的部分标注出来
C. 通过裁剪的方式裁剪掉不需要的图片区域
D. 通过框选的方式框选需要的图片区域

4. [单选]图片画质涉及（　　）等属性的编辑和加工。
A. 饱和度、明度、大小、角度　　B. 亮度、对比度、色彩、清晰度
C. 亮度、对比度、角度、清晰度　　D. 亮度、对比度、角度、饱和度

5. [单选]（　　）可以调整图片的整体画面敏感程度。
A. 亮度　B. 对比度　C. 清晰度　D. 明度

6. [单选]（　　）越高，明暗对比就越强烈。
A. 亮度　B. 对比度　C. 清晰度　D. 明度

7. [单选]饱和度也叫纯度，是指颜色的（　　）。
A. 灰度　B. 亮度　C. 清晰度　D. 鲜艳程度

8. [多选]图片内容的编辑主要是指在图片中添加（　　）等元素，以丰富图片的表现形式。
A. 遮罩　B. 文字　C. 贴图　D. 边框

9. [多选]音频素材最常见的剪辑与处理方式包括（　　）。
A. 音频的裁剪　　B. 音频的合并
C. 音频效果的处理　　D. 音频中文本的添加

10. [多选]下列软件中，可用于音频编辑的有（　　）。
A. Audition　　B. Audacity
C. Ocenaudio　　D. GoldWave

11. [多选]下列选项中，属于合并音频操作的有（　　）。
A. 将多个音频片段前后衔接起来组成一个新的文件
B. 将多个音频片段合并到一个音频文件夹中
C. 将多个音频文件合成，使一段音频中同时出现多种声音内容
D. 将一个完整的音频文件分割成多个音频片段

12. [多选]音频素材可以通过各种效果处理来添加需要的效果以提升质量，如（　　）。
A. 降噪　　B. 添加混响

C. 变调　　D. 设置立体声

13. ［多选］常见的视频编辑软件包括（　　）。

A. Photoshop　　B. Premiere

C. 会声会影　　D. 剪映

14. ［多选］下列属于视频剪辑与处理操作的有（　　）。

A. 裁剪　　B. 分割

C. 设置播放顺序和速度　　D. 添加滤镜

15. ［单选］裁剪视频操作裁剪的是（　　）。

A. 视频长度　　B. 视频画面的区域

C. 视频中的文字和特效　　D. 视频的片段

16. ［单选］如果要实现视频正放或倒放的效果，可以（　　）。

A. 设置视频的播放顺序　　B. 设置视频的播放速度

C. 分割视频　　D. 合并视频

17. ［单选］下列不属于动画素材的是（　　）。

A. 二维动画　　B. 三维动画

C. 短视频　　D. 动态图片

18. ［单选］下列软件中，可以制作二维动画的是（　　）。

A. Illustrator　　B. 画图

C. WPS Office　　D. Flash

19. ［单选］下列软件中，可以制作三维动画的是（　　）。

A. 美图秀秀　　B. Photoshop

C. 3ds Max　　D. Flash

20. ［单选］下列软件中，不能用于制作动态图片的是（　　）。

A. 美图秀秀　　B. Photoshop

C. GifCam　　D. Maya

21. ［单选］GIF 动图是一种（　　）。

A. 动态图片　　B. 二维动画

C. 矢量图片　　D. 位图

22. ［单选］将拍摄主体放置在画面中心，这属于（　　）。

A. 水平线构图法　　B. 中心构图法

C. 垂直线构图法　　D. 九宫格构图法

23. ［单选］在（　　）中，画面以水平线条为参考线，整个画面二等分或三等分。

A. 水平线构图法　　B. 中心构图法

C. 垂直线构图法　　D. 九宫格构图法

24. ［单选］将画面通过两条水平线和两条垂直线平均分割为 9 块区域，将拍摄主体放置在任意一个交叉点位置，这属于（　　）。

A. 对角线构图法　　B. 中心构图法
C. 引导线构图法　　D. 九宫格构图法

25. ［单选］色彩三原色是指（　　）3 种色彩。

A. 红色、黄色、蓝色　　B. 红色、黄色、紫色
C. 青色、蓝色、绿色　　D. 红色、橙色、黄色

26. ［单选］下列属于二次色的是（　　）。

A. 红色　B. 紫色　C. 蓝色　D. 黄色

27. ［单选］下列属于三次色的是（　　）。

A. 橙色　B. 紫色　C. 绿色　D. 红橙色

28. ［单选］红色的补色为（　　）。

A. 紫色　B. 黄色　C. 绿色　D. 黑色

29. ［单选］色相环中，在 90° 内的色彩是（　　）。

A. 邻近色　B. 互补色　C. 对比色　D. 类似色

30. ［多选］有彩色的色彩具有（　　）等特征。

A. 色相　B. 纯度　C. 灰度　D. 明度

（二）填空题

1. ________________是非常重要的，可以将素材的优势发挥出来。

2. 在编辑图片时，如果需要图片呈现一定的旋转角度，则可以通过________________的方式使其出现一定的角度。

3. 如果需要调整图片明暗之间的过渡层次，可以调整图片的________________。

4. 通过________________，可以调整图片的分辨率等。

5. 调整图片色彩时可以调整________________、色温、色调等属性。

6. ________________指图片整体呈现出的冷色光或暖色光效果。

7. 通过裁剪画面区域，可以调整画面________________，保留需要的部分。

8. ________________是指将视频内容割开，形成多个片段。

9. 如果要实现视频的快放或慢放效果，可以设置视频的________________。

10. 万彩动画大师可以用来制作________________动画。

11. ________________是指由一组特定的静态图像按一定的频率切换而产生出动态效果的图片。

12. 在________________中，画面以垂直线条为参考线。

13. 通过引导线将焦点引导到画面的主体，这是________构图法的特点。

14. 将拍摄主体沿画面对角线方向排列，表现出动感、不稳定性或生命力等效果，这是________构图法的特点。

15. ________指色相环中相隔 120° ～ 150° 的任何 3 种色彩。

（三）判断题

1. 获取的素材往往需要通过加工才能使用。（　　）
2. 色彩不能调整图片的整体色调。（　　）
3. 色调指图像的相对明暗程度。（　　）
4. 当音频、视频素材的长短不符合要求时，可以对音频和视频进行裁剪。（　　）
5. 如果需要在一段音乐片段中添加音效，可使用合并音频的操作。（　　）
6. 在进行视频剪辑时，不能设置视频的播放速度。（　　）
7. 通过分割可以提取精华片段，通过剪辑操作可以重新组合视频。（　　）
8. 如果视频受拍摄天气、设备等影响，导致画面质量并不理想，则难以通过滤镜来改善视频的亮度、曝光度、色彩等属性。（　　）
9. 3ds Max、Maya 可用于制作二维动画。（　　）
10. 美图秀秀可用于制作动态图片。（　　）
11. 垂直线构图法的优势在于主体突出、明确，而且画面容易取得左右平衡的效果。（　　）
12. 互补色能够使画面产生最为强烈的色彩对比。（　　）
13. 对比色可以使整个画面和谐统一、柔和自然。（　　）
14. 如果红色与黄色的比例为 1 : 2，则可以混合出红橙色。（　　）
15. 红色的对比色为黄色和黄绿色。（　　）

（四）简答题

1. 什么是图片加工？图片加工有什么作用？

2. 常见的图片编辑软件有哪些？

3. 图片的编辑与加工包括哪些内容？

4. 若要截取几段背景音乐和音效的某些音乐片段，然后将背景音乐片段和音效合并为一个音频，需要进行哪些操作？

5. 简述构图的重要性，说一说有哪些常见的构图方法。

6. 什么是色彩？色彩包括哪些类型？以黑色、白色、红色、黄色、紫色为代表颜色，说一说不同的颜色可以传递出怎样的感情色彩？

（五）操作题

1. 按下列要求，使用美图秀秀制作劳动节海报，劳动节海报制作前后的效果如图 6-2 所示（配套资源 :\ 效果文件 \ 模块 6\ 劳动光荣 .jpg）。

（1）打开“劳动光荣 .jpg”图片（配套资源 :\ 素材文件 \ 模块 6\ 劳动光荣 .jpg），对图片的上端和下端进行裁剪。

（2）在“美化图片”选项卡中对图片的“光效”进行设置，将“智能补光”设置为“ -22”，将“亮度”设置为“21”。

（3）在“文字”选项卡中分别输入“劳动最光荣”“——致敬所有劳动者”“五一”“劳动节”“快乐！”文本，设置文本的字体为“汉仪综艺体简 ”，将文字加粗，将第 1 个文本内容颜色设置为“RGB：93 170 120”，第 2 个文本内容颜色设置为“RGB：119 153 135”，其余文本内容颜色设置为“RGB：231 99 77”，然后调整每个文本框的大小和位置。

（4）单击“边框”选项卡，在打开的界面左侧选择“简单边框”选项，在界面右侧为图片应用简单的图片边框。制作完成后保存图片。

图 6-2

2. 按下列要求，使用美图秀秀制作动态图，动态图制作前后的效果如图 6-3 所示（配套资源 :\ 效果文件 \ 模块 6\ 国际儿童读书日 .gif）。

图 6-3

（1）打开“动态图片”文件夹（配套资源 :\ 素材文件 \ 模块 6\ 动态图片），选择操作界面中的“GIF 制作”选项，打开“国际儿童读书日 .jpg”图片。

（2）在“GIF 制作”对话框中单击右上角的“添加多张图片”按钮，继续打开“国际儿童读书日 1.jpg”“国际儿童读书日 2.jpg”“国际儿童读书日 3.jpg”图片。

（3）在“GIF 制作”对话框左侧的列表框中选择“速度设置”栏下的“速度调整”选项，

在对话框右上角将速度调整为“0.5s/ 张”。

（4）将图片保存为“国际儿童读书日 .gif”。

3. 按下列要求，使用剪映剪辑视频。

（1）使用剪映导入“纪录片 .mp4”视频文件（配套资源 :\ 素材文件 \ 模块 6\ 纪录片 .mp4），然后将导入的视频拖入时间轴中。

（2）拖曳定位器至目标位置，在“播放器”栏观察视频内容，在视频 00:01:29 处分割，并删除 00:01:29 后的视频片段。

（3）在主界面右侧的面板中单击“变速”选项卡，将“倍数”设置为“1.2×”。

（4）单击主界面上方的“滤镜”选项卡，在左侧“滤镜库”列表框中选择“高清”选项，将“透亮”滤镜拖曳到视频素材上。

（5）在主界面右侧单击“画面”选项卡，将“混合模式”设置为“变亮”。

（6）设置完成后，导出视频（配套资源 :\ 效果文件 \ 模块 6\ 纪录片 .mp4）。

四、课后总结

请回顾本项目内容，对项目知识的学习情况进行总结。

1. 学习重难点

2. 学习疑问

3. 学习体会

项目 6.3 制作数字媒体作品

一、学习目标

知识目标

- ◎ 了解数字媒体作品的设计规范。
- ◎ 掌握使用WPS 演示制作演示文稿的方法。
- ◎ 掌握使用剪映制作短视频的方法。
- ◎ 掌握H5的制作方法。

技能目标

- ◎ 能够使用WPS 演示制作演示文稿。
- ◎ 能够使用剪映制作短视频。
- ◎ 能够使用MAKA制作H5作品。

素养目标

- ◎ 拓宽思路，培养数字媒体作品的风格设计能力和思路设计能力。
- ◎ 建立严谨、有条理的数字媒体设计思维。
- ◎ 培养多角度、全方位地思考问题的能力。

二、学习案例

2021 年 5 月 19 日，为了记录我国日新月异的变化，捕捉各领域、各族人民在建设美丽中国中“你我向上，国家向前”的感人瞬间，传播“奋进新征程、创见新气象”的故事，经中宣部批准，由中央网信办网络传播局、教育部思想政治工作司、共青团中央宣传部、全国妇联宣传部共同指导，浙江省委宣传部支持，中央广播电视总台新闻新媒体中心、国家短视频（杭州）基地、浙江省湖州市委、湖州市人民政府及中国传媒大学联合主办的“看见美丽中国”全国短视频大赛在北京启动。

“看见美丽中国”全国短视频大赛以“看见美丽中国——你我向上，国家向前”为短视频创作的主题，通过线上线下结合的方式，推动全社会发现美丽中国、看见美丽中国、建设美丽中国。

2022年4月26日，由中国外文局主办、杭州市委宣传部协办、中国外文局煦方国际传媒承办的第四届“第三只眼看中国”国际短视频大赛以线下线上相结合的方式在北京举行。“第三只眼看中国”国际短视频大赛自举办以来，聚合了国内外学界业界关于中华文化“走出去”的智慧与经验，越来越多在中国生活的外籍人士用镜头记录中国的故事，以更多元的视角、更丰富的呈现方式，展现外国人观察中国的独特视角，聚拢并讲述散落在世界各地的可信、可爱、可敬的中国故事。在“第三只眼看中国”国际短视频大赛上，中外创作者团队、外籍主播、自媒体团队与个人都可以参赛，通过短视频呈现第三方视角下的中外融通。

“看见美丽中国”全国短视频大赛和“第三只眼看中国”国际短视频大赛都是我国举办的重要的短视频赛事。现如今，短视频已深入渗透到人们的生活，据国家广播电视总局公布的2021年全国广播电视行业统计公报，我国短视频上传用户已经超过7亿。

短视频具有内容丰富、可视性强、生动形象、短小有趣的特点。对内，短视频是大众娱乐生活、获取信息和知识的一种形式；对外，短视频是传播中国文化、促进中外文化交流的重要途径。当然，对于短视频的优点和缺点，我们需要辩证地看待，作为一种数字娱乐形式，短视频也存在让青少年时间管理能力变差、注意力不集中等问题。因此，在接触数字媒体作品的同时，青少年也应该充分发挥自己的主体作用，一方面参与短视频创作，通过短视频展示家乡山水、人文家园、非遗技艺等有质量的信息，提升媒介参与能力；另一方面也要学会自我管理，制作有意义、有内容、有态度的短视频，形成数字时代的媒介素养。

请思考以下问题。

（1）你如何看待短视频对我们生活的影响？

（2）你喜欢观看哪些类型的短视频？你认为这些短视频具有什么价值和意义？

（3）假设你需要制作一个短视频，你会选择哪些题材？

（4）你认为短视频在“文化输出”方面可以发挥作用吗？短视频如何进行“文化输出”？

三、课堂测验

（一）选择题

1.［单选］从整体上为数字媒体作品构思出一个好的框架，构思时可以遵循“三线一纲”的规范，这里的“三线一纲”是指（　　）。

A. 时间线、空间线、结构线、文案提纲

B. 背景线、空间线、结构线、内容大纲

C. 时间线、空间线、人物线、文案提纲

D. 背景线、空间线、人物线、文案提纲

2. ［单选］（　　）是以时间的先后顺序，采用正叙、倒叙、插叙等方式表现内容。

A. 时间线　B. 空间线　C. 人物线　D. 结构线

3. ［单选］空间线是采用（　　）等空间方式表现内容。

A. 从小到大、从整体到局部　B. 从远到近、从宏观到微观

C. 从大到小、从局部到整体　D. 从近到远、从微观到宏观

4. ［单选］（　　）是按业务领域、产品功能等结构划分来表现内容。

A. 时间线　B. 空间线　C. 人物线　D. 结构线

5. ［多选］数字媒体作品如果要保证视觉效果上的统一，需要从（　　）等方面统一。

A. 字体　B. 色彩　C. 画面质感

D. 节奏　E. 风格

6. ［多选］数字媒体作品的制作离不开素材，在数字媒体作品中使用素材时，应注意（　　）。

A. 制作商用作品应保证所使用素材不侵权

B. 在高质量素材和作品大小之间找到平衡

C. 素材的内容应该紧贴整体的构思和大纲

D. 综合应用素材

7. ［单选］在统一幻灯片风格时，最快捷的做法是（　　）。

A. 为每张幻灯片设置相同的样式　B. 设置母版应用样式

C. 逐一设置每张幻灯片的样式　D. 导入风格统一的素材

8. ［单选］在 WPS 演示中通过（　　）选项卡，可以为幻灯片之间添加切换动画效果。

A. 动画　B. 切换　C. 放映　D. 视图

9. ［单选］下列不属于 WPS 演示所具有的功能是（　　）。

A. 新建演示文稿　B. 发布并放映演示文稿

C. 添加动画效果　D. 输出 PSD 文件

10. ［单选］在制作短视频之前，应该（　　）。

A. 剪辑视频　B. 添加转场

C. 导入素材　D. 添加音频

11. ［单选］在完成视频的制作后，应该（　　）。

A. 导出视频　B. 添加转场

C. 导入素材　D. 添加特效

12. ［单选］在幻灯片中输入文本前，应该先插入（　　）。

A. 幻灯片　B. 母版

C. 版式　D. 占位符

13. ［单选］WPS 演示中的动画样式有（　　）等类型。

A. 进入、退出、动作路径　　B. 进入、强调、退出、动作路径

C. 进入、强调、退出、自定义　　D. 进入、退出、动作路径、自定义

14. ［单选］（　　）类动画会以“强调突出”的方式显示对象。

A. 进入　　B. 强调　　C. 退出　　D. 自定义

15. ［单选］退出类动画会以（　　）的方式显示对象。

A. 从有到无　　B. 从无到有　　C. 渐隐　　D. 消失

16. ［单选］如果要为某个对象应用多种类型的动画，可以通过（　　）来添加。

A. 单击“动画窗格”窗格中的“添加效果”按钮

B. 单击“动画窗格”窗格中的“智能动画”按钮

C. 单击“动画”选项卡中的“动画刷”按钮

D. 单击“动画”选项卡中的“动画属性”按钮

17. ［单选］如果要将某个对象的动画效果复制到另一个动画上，可以通过（　　）来实现。

A. 按【Ctrl+V】组合键　　B. 复制

C. 动画刷　　D. 格式刷

18. ［单选］（　　）是构建及呈现互联网内容的一种语言方式。

A. 文本标记语言 5　　B. 超文本标记语言 5

C. 文本语言　　D. 标记文本语言

19. ［单选］（　　）是指利用了 H5 技术的作品。

A. 动画　　B. H5 作品　　C. PPT　　D. Flash

20. ［多选］基于 H5 技术可以制作动态的（　　）作品。

A. 邀请函　　B. 企业画册

C. 招聘启事　　D. 店铺开业宣传单

（二）填空题

1. 在构思数字媒体作品的内容时，可以遵循____________的规范，从整体上为数字媒体作品构思出一个好的框架。

2. 在“三线一纲”中，__________是根据“三线”确定的整体思路制作内容大纲。

3. 在制作数字媒体作品时，如果作品属于商业性质，则素材一定不能出现______________。

4. 演示文稿可以为__________添加动态效果。

5. __________是演示文稿中特有的对象，其性质与文本框类似。

6. 放映演示文稿时，__________动画会以“从无到有”的方式显示对象。

7. 动作路径类动画可以引导对象的动画__________。

8. 基于 HTML5 技术制作的 H5 作品，可以向用户展示____________、____________、____________和____________等各种数字媒体元素。

9. 目前，网上许多平台都提供了大量的 H5 模板，我们可以使用____________轻松完成 H5 作品的制作。

10. 很多 H5 制作平台都提供了大量的 H5 资源库，包括____________、____________和____________等。

（三）判断题

1. 数字媒体作品传达的内容就像是一个故事，或者是一场电影。 （ ）
2. 在制作数字媒体作品时，可以使用多种不同类型的字体、色彩、滤镜、动画效果等。 （ ）
3. 制作数字媒体作品一般会使用到图片、视频、音频、动画、文本等各种各样的素材。 （ ）
4. 未经允许擅自使用他人的素材是违法的。 （ ）
5. WPS 演示不支持放映前预览。 （ ）
6. 在 WPS 演示中，不能设置占位符的轮廓和填充颜色。 （ ）
7. 演示文稿中的占位符有标题占位符、内容占位符、正文占位符，以及图片、图表、表格等各种对象占位符。 （ ）
8. 在 WPS 演示中，不可以为多个对象重复设置相同的动画效果。 （ ）
9. 可以借助模板来提高制作 H5 作品的效率。 （ ）
10. 在 MAKA 中制作 H5 作品时，可以直接调用 MAKA 中的素材库。 （ ）

（四）简答题

1. 如何为一个数字媒体作品构思好的框架和内容？

2. 简述演示文稿的制作思路。

3. 简述短视频的制作思路。

4. 小云想制作一个“地球的自白”H5 作品，用于介绍地球在太空中的位置，以及地球与其他行星的关系，但他觉得这个 H5 作品的内容过于复杂，自己没有把握完成。老师告诉他，可以试着通过模板来简化制作步骤。你觉得通过模板制作“地球的自白”H5 作品的思路是怎样的？假设你要制作这个 H5 作品，你的制作思路是怎样的？

（五）操作题

1. 按下列要求新建并编辑演示文稿，效果如图 6-4 所示（配套资源 :\ 效果文件 \ 模块 6\ 保护生态 人人有责 .dps）。

图 6-4

（1）新建空白演示文稿，为其应用“清新绿树飘叶”智能美化样式。

（2）在第 1 张标题幻灯片的文本占位符中输入文本，并设置文本格式为“兰亭黑 - 简 中黑、60、加粗”“黑体、40”。

（3）按【Enter】键新建一张幻灯片，在文本占位符中输入“生态环境”，并设置文本格式为“方正兰亭黑 _GBK、44”。在下方的文本占位符中单击“插入图片”按钮，在打开的对话框中插入“生态环境 .png”“生态环境 1.png”两张图片（配套资源 :\ 素材文件 \ 模块 6\ 生态环境 .png、生态环境 1.png），调整图片的大小和位置。

（4）新建一张幻灯片，在文本占位符中输入“生态计划”。插入“5 列 2 行”的表格，为表格应用“浅色样式 2- 强调 1”样式，然后在表格中输入文本，并设置文本格式为“方正兰亭刊黑简体、18、加粗”，对齐方式为“垂直居中”。

（5）新建一张幻灯片，为其应用“末尾幻灯片”版式，在文本占位符中输入文本“谢谢大家”。

（6）保存演示文稿。

2. 按下列要求，使用 WPS 演示制作“消防安全常识”演示文稿，制作后的效果如图 6-5 所示（配套资源 :\ 素材文件 \ 模块 6\ 消防常识 \、配套资源 :\ 效果文件 \ 模块 6\ 消防安全常识 .dps）。

图 6-5

（1）打开“消防安全常识 .dps”并应用“视点”主题，将主题颜色设置为“元素”。

（2）为演示文稿的标题页和最后一页设置背景图片“消防背景 .jpg”。

（3）选中所有幻灯片，为其添加“插入”样式的切换动画，并设置切换动画的效果选项、声音、持续时间。

（4）为第 1 张幻灯片的标题文本框应用“浮入”“基本缩放”样式的进入动画，为第 2 张幻灯片的标题文本框和内容文本框应用“劈裂”“飞入”样式的动画，并设置动画的开始和持续时间，将第 2 张幻灯片中的动画复制到第 4 张至第 7 张幻灯片的内容文本框中，将第 1 张幻灯片中的动画复制到第 8 张幻灯片的标题文本框中。

（5）为第 3 张幻灯片中的图形添加“更改填充颜色”样式的强调动画。

（6）保存演示文稿。

3. 按下列要求，使用 WPS 演示制作“校园安全教育”演示文稿（配套资源 :\ 素材文件 \ 模块 6\ 安全教育 \、配套资源 :\ 效果文件 \ 模块 6\ 校园安全教育 .dps），制作后的效果如图 6-6 所示。

图 6-6

（1）新建“校园安全教育 .dps”，进入幻灯片模板视图，在第 1 张幻灯片母版中绘制一个与幻灯片同等大小的矩形，设置其填充颜色为“#99DDE0”、轮廓为“无边框颜色”。再绘制若干大小不一的圆形，设置其填充颜色为“白色、背景 1”、轮廓为“无边框颜色”、“透明度”为“50%”。

（2）退出母版视图，在第 1 张幻灯片中插入素材文件中提供的图片，调整图片的大小和位置。绘制两个矩形，设置其填充颜色和轮廓，组成黑板效果，然后输入课件封面中的文本。

（3）在第 2 张幻灯片中绘制矩形，并使用“编辑顶点”功能将其中一条边编辑为波浪形状。绘制若干“圆角矩形标注”，编辑其顶点，并根据效果图分别设置其轮廓和填充颜色。

（4）绘制其他图示，并在图示中输入文本，最后为幻灯片添加动画效果，保存演示文稿。

4. 按下列要求，使用剪映制作“登上珠峰”短视频（配套资源 :\ 素材文件 \ 模块 6\ 短视频素材\、配套资源:\效果文件\模块6\登上珠峰.mp4），制作后的部分效果如图6-7所示。

（1）启动剪映并创建项目，然后导入“0.mp4”“1.mp4”视频文件。

（2）剪去“1.mp4”视频中的黑幕部分，在第1个和第2个视频片段中间拖入“模糊”转场。

（3）分离每一个视频片段的音频，然后删除音频。在剪映的“音频”选项卡中搜索背景音乐，将合适的背景音乐添加到音频轨道上，裁剪多余的音频，并设置音频的淡入淡出效果。

（4）分别在视频的不同位置添加字幕，并设置字幕的字体格式、位置和显示时长。

（5）导出视频文件。

图6-7

5. 打开MAKA网站，在其中搜索与“立夏”相关的模板，选择一个合适的模板，如图6-8所示，对该模板中的内容进行修改，制作介绍“立夏”这一节气的H5。

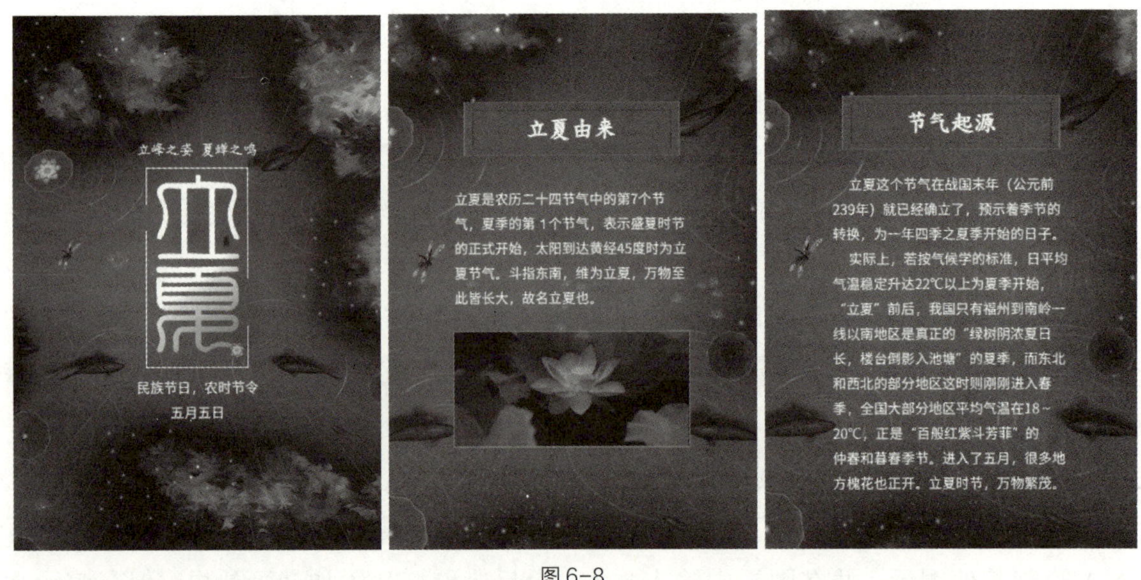

图6-8

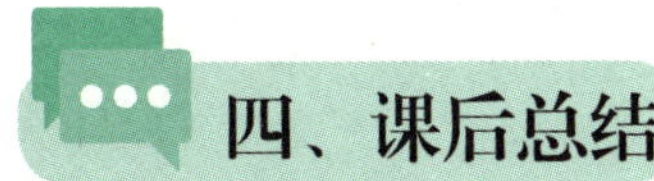

四、课后总结

请回顾本项目内容，对项目知识的学习情况进行总结。

1. 学习重难点

2. 学习疑问

3. 学习体会

项目 6.4 初识虚拟现实与增强现实

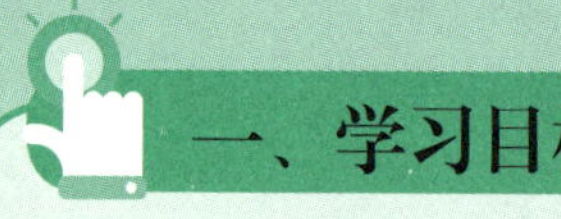

一、学习目标

知识目标

◎ 了解虚拟现实与增强现实。
◎ 熟悉虚拟现实的各种常见设备。
◎ 掌握虚拟现实与增强现实的应用。

技能目标

◎ 能够对虚拟现实和增强现实形成基本的认知。
◎ 能够了解常见的虚拟现实设备。
◎ 能够熟悉虚拟现实与增强现实的实际应用。

素养目标

◎ 培养对新技术、新应用的理解和认知能力。
◎ 学会应用新技术，并能对新技术的更多应用进行思考和延伸。

二、学习案例

为加快我国虚拟现实产业的发展，推动虚拟现实应用创新，培育信息产业新增长点和新动能，2018 年，工业和信息化部出台了《关于加快推进虚拟现实产业发展的指导意见》（以下简称《意见》），指出虚拟现实（含增强现实、混合现实，即 VR）融合应用了多媒体、传感器、新型显示、互联网和人工智能等多领域技术，能够拓展人类感知能力，改变产品形态和服务模式，给经济、科技、文化、军事、生活等领域带来深刻影响。《意见》要求有关行业组织和单位把握虚拟现实等新一代信息技术孕育的发展机遇，突破近眼显示技术、感知交互技术、渲染处理技术、内容制作技术等关键技术，引导和支持“VR+”发展，推动虚拟现实技术产品在制造、教育、文化、健康、商贸等行业领域的应用。

自《意见》发布后，在各个行业组织、相关单位的努力下，我国虚拟现实产业取得了较大的发展。2021 世界 VR 产业大会云峰会开幕式上公布了 15 项我国虚拟现实产业重要成果，包括中央广播电视总台研制的“5G+VR”技术、京东方科技集团股份有限公司研制的深度沉浸体验的近眼显示技术方案、北京电影学院与视伴科技（北京）有限公司研制的 2022 北京冬奥会场馆仿真系统（Venue Simulation System，VSS）、百度研制的“复兴大道 100 号”线上 VR 展馆等。

其中，“复兴大道 100 号”线上 VR 展馆采用了景深漫游技术，利用“3D 模型 + 全景图片”，以及视频等通用素材的混合编辑能力，深度还原细节，让参观者身临其境地参观“时光长廊”“初心纪念馆”“峥嵘岁月”“奋斗一厂”“富民大街”“追梦新时代”“逐梦太空”等一系列场景，感受时代的变迁。“逐梦太空”场景如图 6-9 所示。

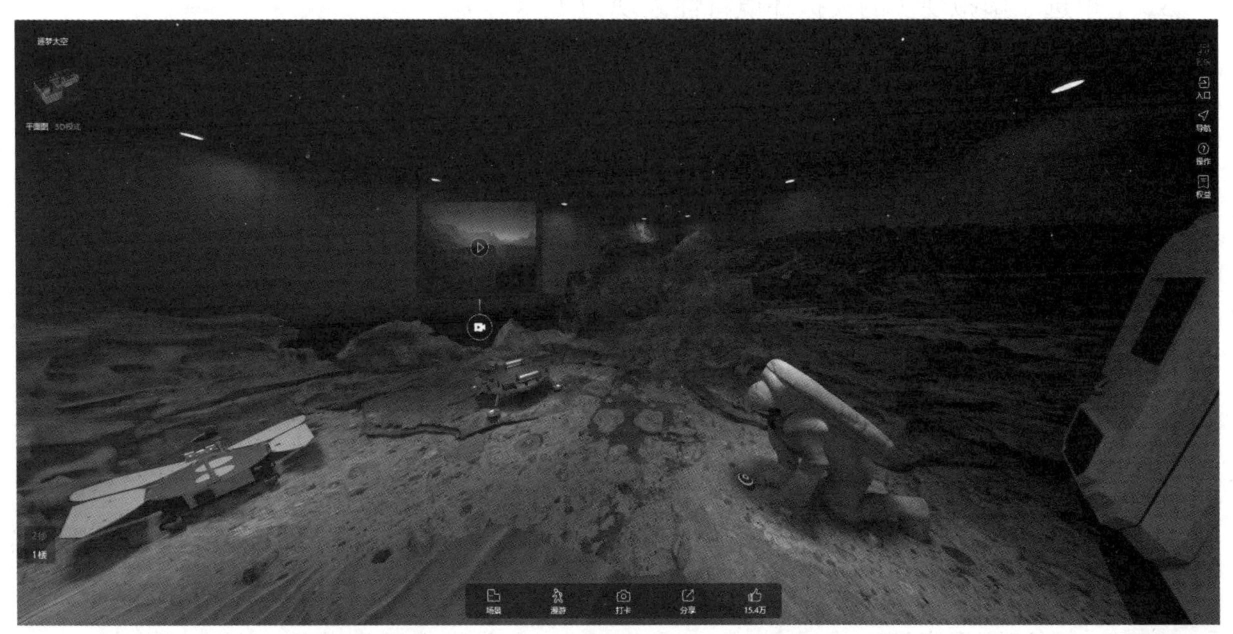

图 6-9

中央广播电视总台研制的“5G + VR”技术采用了 8K VR 全景直播相机“Obsidian”与基于 5G 网络的直播软件系统“Kandao Live 8K”，打造春晚直播的全景预览效果，这使得位于深圳分会场的观众拥有全方位的视听体验，好像真的来了春晚现场。

虚拟现实产业是一个发展空间广阔、潜力巨大的新产业，近年来，虚拟现实企业总数不断增加，虚拟现实产业集群化发展也逐渐成形，深入开展“VR+”行动，丰富终端产品和内容服务，推动虚拟现实技术产业化、产业规模化，也将成为虚拟现实产业发展的新趋势。

请思考以下问题。

（1）什么是虚拟现实？

（2）你知道哪些虚拟现实的应用？

（3）你对虚拟现实哪一方面的应用或哪一种技术功能最感兴趣？为什么？

（4）结合国家发布的相关政策措施，谈一谈虚拟现实产业未来的发展方向。

三、课堂测验

（一）选择题

1. ［单选］虚拟现实即（　　）。

A. AR　　B. VR

C. CR　　D. SR

2. ［多选］虚拟现实是利用（　　）等多种技术打造出逼真的虚拟环境的技术。

A. 三维图形生成技术　　B. 多传感交互技术

C. 3D 打印制造技术　　D. 高分辨率显示技术

3. ［单选］虚拟现实的模拟环境特性表现为（　　）。

A. 由计算机生成实时动态的三维立体图像

B. 由计算机生成实时动态的三维传感图像

C. 由高分辨率现实技术生成的虚拟环境

D. 由高分辨率现实技术生成的实时三维立体图像

4. ［单选］虚拟现实的感知特性表现为（　　）。

A. 可以由计算机生成虚拟环境

B. 可以由计算机生成实时动态的三维立体图像

C. 具备人类的感知系统，能根据计算机处理的数据结果做出实时响应

D. 具备人类的感知系统，如视觉、听觉、触觉等

5. ［单选］虚拟现实技术中使用的传感设备可以借助各种(　　)让用户体验虚拟现实。

A. 三维图形打印设备　　B. 三维交互设备

C. 高清图形虚拟生成设备　　D. 高分辨率显示设备

6. ［多选］虚拟现实的专用设备可以分为（　　）等。

A. 建模设备

B. 三维视觉显示设备

C. 声音设备

D. 交互设备

7. ［多选］三维视觉显示设备主要用于显示三维立体影像，如（　　）。

A. 头戴式立体显示器

B. 3D 扫描仪

C. 3D 展示系统

D. 声音设备

8. ［单选］图 6-10 ～图 6-13 所示的设备中，属于建模设备的是（　　）。

A. 

图 6-10

B. 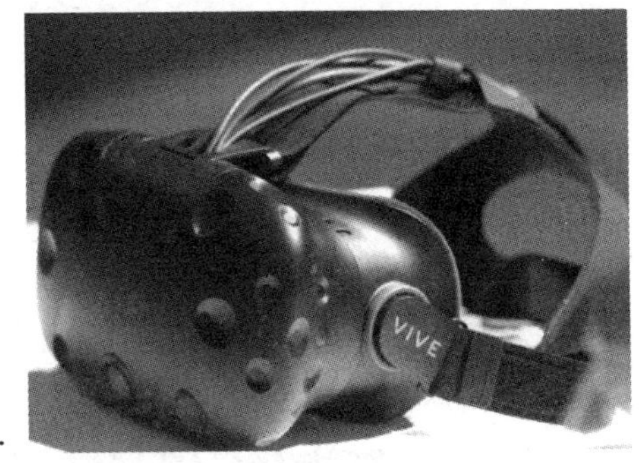

图 6-11

C. 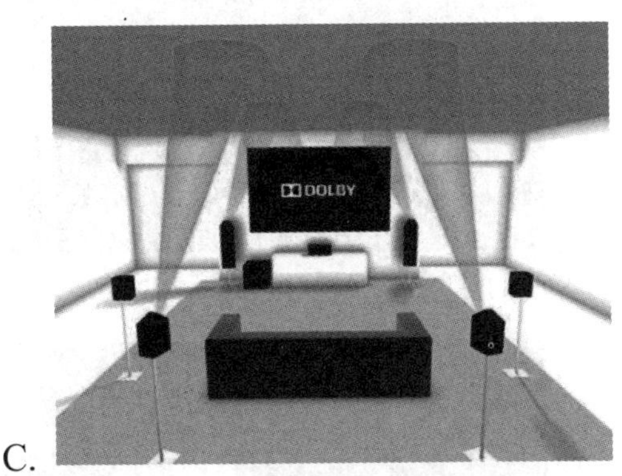

图 6-12

D. 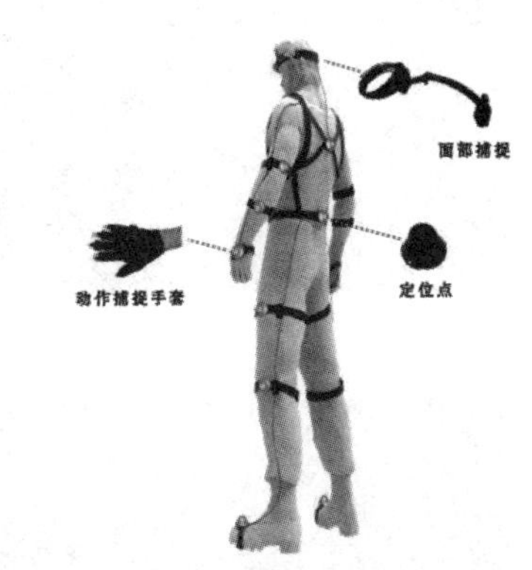

图 6-13

9. ［单选］在虚拟现实中，动作捕捉设备、数据手套等主要用于（　　）。

A. 显示三维立体影像　　B. 输出三维立体声效

C. 体验虚拟现实的各种功能　　D. 建立数字模型

10. ［多选］虚拟现实技术可以广泛应用于（　　）等各个领域。

A. 室内设计　　B. 教育

C. 医疗　　D. 制造

11. ［单选］增强现实简称（　　）。

A. AR　　B. VR　　C. CR　　D. SR

12. ［多选］增强现实具有（　　）等特点。

A. 虚实结合性　　B. 实时交互性

C. 3D 定位性　　D. 环境感知性

13. ［单选］增强现实的虚实结合性，是指（　　）。

A. 在实际环境中创造虚拟环境

B. 在实际环境和虚拟环境中形成连接通道

C. 将虚拟环境投射至实际环境中，从而生成新的实际环境

D. 将虚拟环境与实际环境融为一体

14. ［单选］增强现实的（　　），是指用户可通过交互设备直接与虚拟物体或虚拟环境进行交互。

A. 虚实结合性　　B. 实时交互性
C. 3D 定位性　　D. 环境感知性

15. ［多选］增强现实可广泛应用于（　　）等领域。

A. 工业　　B. 文化　　C. 旅游　　D. 电商

16. ［单选］图 6-14 ～图 6-17 中，属于增强现实在文化领域的应用的是（　　）。

A.

图 6-14

B.

图 6-15

C.

图 6-16

D.

图 6-17

17. ［单选］混合现实（Mixed Reality，MR）是指把（　　）叠加到虚拟世界里。

A. 真实景物和虚拟景区
B. 真实的东西
C. 真实景物或虚拟景区
D. 虚拟的东西

18. ［单选］混合现实技术通过对现实物体进行三维重建来生成虚拟的（　　），实现多人交互。

A. 图像　　B. 景观　　C. 三维物体　　D. 环境

19. ［单选］（　　）可以实现多人交互，被广泛应用到教育、培训等领域。

A. 混合现实　　B. 增强现实
C. 虚拟现实　　D. 元宇宙

20. ［单选］某航天航空仿真训练系统可在呈现真实世界场景的基础上，将当前时空不存在的物体反映到受训者的视觉范围中，从而为受训者提供超越真实的模拟飞行环境，这体现了该训练系统的（　　）技术应用。

A. AR　　B. VR　　C. CR　　D. MR

（二）填空题

1. 虚拟现实是一种以__________为核心的技术。
2. 虚拟现实主要包括模拟环境、感知、自然技能和__________等方面。
3. 建模设备主要用于建立数字模型，如__________等。
4. __________主要用于输出三维立体声效。
5. __________主要用于体验虚拟现实的各种功能。
6. 虚拟现实技术在__________领域的应用，可以帮助医生进行手术训练。
7. __________是一种将虚拟信息与真实世界结合起来的技术。
8. 增强现实的__________特点，是指可在三维空间中自由增添、定位虚拟物体。
9. VR 看房的工作原理是通过__________对空间场景进行拍摄扫描，再运用专门的算法对数据进行处理，进而对全景数据进行拼接并生成场景的__________。
10. 在虚拟的三维模型上进行标注，从而帮助操作人员快速掌握操作方法，这体现了__________技术的应用。

（三）判断题

1. 在专门的虚拟现实设备的帮助下，人们可以进入虚拟环境，体验身临其境的奇妙感觉。（　　）
2. 3D 展示系统是一种建模设备。（　　）
3. 虚拟现实可以模拟许多高风险、高成本的真实环境，以便于人们通过虚拟环境完成设计、测试、训练等项目。（　　）
4. 身临其境地观看室内设计效果，体现了虚拟现实在室内设计方面的应用。（　　）
5. 虚拟现实技术在教育领域的应用，无法有效提升学生的学习效率和乐趣。（　　）
6. 在虚拟现实技术中，虚拟信息与真实信息相互补充，可以实现对真实世界的“增强”。（　　）
7. 增强现实是用虚拟信息来代替真实信息，可以增强真实信息的表现力和感染力。（　　）
8. VR 看房是一种依托于三维重建技术和虚拟现实的多媒体三维全景在线技术。（　　）
9. 利用 VR 看房技术，不亲临现场就能看到房屋内部的详细情况。（　　）
10. 由于受环境资源等客观条件的限制，一些危险系数高、资源开销大或需要特殊场景的实验和培训在现有条件下难以开展，而 MR 技术可为学习者提供真实高效的虚拟实验和操作的机会。（　　）

（四）简答题

1. 什么是虚拟现实？虚拟现实有什么特点？

2. 什么是增强现实？增强现实有什么特点？

3. 在虚拟现实技术的应用中，通常需要使用到哪些设备？

4. 在增强现实技术的应用中，通常需要使用到哪些设备？

5. 小红在网络上购买了一个有趣的动物图册，通过手机等智能设备扫描各种动物卡片，即可看到该动物的三维立体影像，请问这是应用了什么技术？

6. 小宇家里的家电出现故障了，他想利用混合现实技术实现家电故障的快速反馈和修复，他可以怎么做？

（五）操作题

1.《关于加快推进虚拟现实产业发展的指导意见》指出，要引导和支持“VR+”发展，推动虚拟现实技术产品在制造、教育、文化、健康、商贸等行业或领域的应用，你了解虚拟现实技术在这些行业或领域的应用情况吗？试着举例说明虚拟现实技术在各行业或领域的应用案例，并填入表 6-3 中。

表6-3　虚拟现实技术在各行业或领域的应用

行业 / 领域	应用案例
制造	示例：某虚拟仿真系统可以真实地模拟产品装配过程，并允许用户以交互方式控制产品的模拟装配过程
教育	
文化	
商贸	

2. 你认为增强现实技术主要可以应用于哪些行业或领域？试着举例说明增强现实技术在各行业或领域的应用案例，并填入表 6-4 中。

表6-4　增强现实技术在各行业或领域的应用

行业 / 领域	应用案例
电商	示例：各大电商平台推出的 AR 抓萌宠游戏、AR 红包、AR 试衣镜等
教育	
医疗	
家装	
制造	

3. 你认为混合现实技术主要可以应用于哪些行业或领域？试着举例说明混合现实技术在各行业或领域的应用案例，并填入表 6-5 中。

表6-5 混合现实技术在各行业或领域的应用

行业 / 领域	应用案例
教育	示例：让学生“360 度”沉浸浏览和探索水底世界、太空环境
培训	
医学	
工业设计	

四、课后总结

请回顾本项目内容，对项目知识的学习情况进行总结。

1. 学习重难点

2. 学习疑问

3. 学习体会

模块7

信息安全基础
——加强信息社会“安保”

项目 7.1　了解信息安全常识

一、学习目标

知识目标

◎ 了解信息安全的基础与现状。
◎ 了解信息安全面临的威胁。
◎ 熟悉信息安全相关的法律法规。

技能目标

◎ 能够认识信息安全。
◎ 能够正确认识信息安全面临的威胁。
◎ 能够运用信息安全相关的法律法规维护信息安全。

素养目标

◎ 培养信息安全意识。
◎ 树立正确的网络道德观。
◎ 增强网络空间法律意识。

二、学习案例

案例 1　关于个人信息保护的现象

小谢的爸爸在一个 App 上搜索和关注了一些关于课外培训的信息，不久后，他就陆续接到了一些推销课外培训的电话。小谢觉得很奇怪，为什么这些推销电话可以准确地打到爸爸这里？小谢去询问老师，老师告诉他，这可能是因为个人信息遭到泄露，这些推销人员通过一些不正当的渠道获得了小谢爸爸的个人信息。

小谢询问了身边的朋友，发现这样的情况竟然很常见。小谢的朋友说，自己的妈妈每次收到快递后，都会撕掉快递盒上的快递单，而且从来不在不熟悉的网站或 App 中填写个人信息，就是担心自己的个人信息被别有用心的人利用。小谢这才意识到，信息泄露会严重威胁个人的数据安全。

请结合案例，思考以下问题。

（1）什么是个人信息安全？

（2）个人信息泄露会有什么危害？

（3）你会在网页上、App 上填写个人信息吗？哪些信息你认为不应该随意填写？

（4）你认为应该如何保护自己的个人信息？

案例 2　数据社会中的信息安全

在 2022 年央视举办的“3 • 15”晚会上，一款名为“雷达 WiFi”的 App 被曝光，这款 App 几乎全天候、全时段地非法收集用户的定位信息，严重损害了用户的个人信息安全，而像这样非法收集用户个人数据的应用，并不是孤例。

目前，我国互联网用户规模已超过 10 亿，形成了极大的个人信息规模，这些信息构建了一个庞大的数据社会，并成为云计算、大数据、5G 等新一代信息技术迅猛发展的重要组成部分。在这些飞速发展的新兴技术的支持下，我们不断地接触各种功能丰富的应用软件，这些应用软件为了正常运行，可能会在用户知情的前提下收集用户个人数据，而数据又反映了用户在价格敏感度、支付能力、消费倾向等方面的偏好，应用软件的运营商可以根据用户的偏好对其进行更精准的营销，但用户个人数据也有被泄露的风险。

目前，数据已经成为推动社会经济发展的重要生产要素，而如何在这一背景下保证数据安全，也成为很多人开始关注的问题。

请结合案例，思考以下问题。

（1）你遇到过应用软件申请获取用户个人数据的情况吗？

（2）在使用应用软件时，你会认真阅读应用软件的使用协议吗？

（3）你是如何看待“应用软件不获取一些必要数据，就无法使用”这一现象的？

（4）你认为我们在使用各种应用软件时，应该如何保证自己的数据安全？

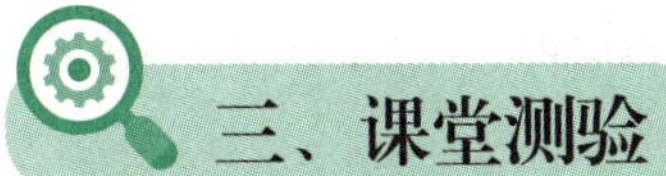

三、课堂测验

（一）选择题

1. ［多选］信息安全主要是指信息被（　　）的可能。

A. 破坏　B. 更改　C. 查阅　D. 泄露

2. ［多选］信息安全的基础，就是要保证信息的（　　）。

A. 准确性　B. 可用性　C. 完整性　D. 机密性

3. ［单选］在信息安全中，（　　）涉及的是信息的可用性。

A. 破坏　B. 更改　C. 查阅　D. 泄露

4. ［单选］信息如果（　　），则代表攻击者无法占用所有的资源，无法阻碍合法用户的正常操作。

A. 被破坏　B. 可用　C. 不可用　D. 泄露

5. ［单选］信息的（　　）是信息未经授权不能进行改变的特征。

A. 准确性　B. 可用性　C. 完整性　D. 机密性

6. ［单选］（　　）是实现信息机密性的手段之一。

A. 加密技术　B. 压缩技术　C. 打包技术　D. 密码技术

7. ［多选］为了大力推进信息化社会的发展，我国正从（　　）层面确保国家、社会和个人的信息安全。

A. 战略地位　B. 法治建设　C. 组织措施　D. 安全意识

8. ［单选］从（　　）层面看，我国已经认识到赢得信息战主动权的重要性，强化组织架构、完善促进机制等相关工作日益加强。

A. 战略地位　B. 法治建设　C. 组织措施　D. 安全意识

9. ［多选］我国信息化法治建设处于发展阶段，信息安全保障的（　　）等正逐步提高。

A. 危机意识　B. 责任意识　C. 保护意识　D. 大众意识

10. ［多选］下列选项中，属于信息安全威胁的有（　　）。

A. 黑客的恶意攻击

B. 因软件设计的漏洞或“后门”而产生的问题

C. 恶意网站设置的陷阱

D. 用户不良行为引起的安全问题

11. ［单选］（　　）是具备高超信息技能的一类网络用户，他们会通过各种信息技术手段攻击网络和计算机用户。

A. 软件设计人员　B. 程序设计人员

C. 黑客　D. 信息安全技术人员

12. ［多选］不法分子往往会利用（　　），将恶意程序传递到网络和计算机中窃取信息。

A. 操作系统中的安全漏洞　　B. “后门”程序

C. 计算机中的应用程序　　D. 操作系统中的防火墙

13. ［多选］用户的（　　）行为，可能对信息安全造成威胁。

A. 误操作导致信息丢失、损坏

B. 没有备份重要信息

C. 在网上滥用各种非法资源

D. 因系统故障而导致文件损坏

14. ［多选］下列法律中，与信息安全相关的有（　　）。

A.《中华人民共和国刑法》

B.《中华人民共和国网络安全法》

C.《中华人民共和国个人信息保护法》

D.《中华人民共和国数据安全法》

15. ［多选］下列法规中，与信息安全相关的有（　　）。

A.《中华人民共和国计算机信息系统安全保护条例》

B.《中华人民共和国计算机信息网络国际联网管理暂行规定》

C.《中国互联网络信息中心域名注册实施细则》

D.《中国公用计算机互联网国际联网管理办法》

16. ［单选］（　　）是对信息和信息载体按照重要性等级分级别进行保护的一项工作。

A. 信息安全等级保护　　B. 控制计算机使用权限

C. 防止信息保护　　D. 积极培养信息安全意识

17. ［单选］对相关公民、法人和其他组织的合法权益造成一般损害，但不危害国家安全、社会秩序和公共利益，这在信息安全技术网络安全等级保护制度中，处于（　　）。

A. 第一级　　B. 第二级

C. 第三级　　D. 第四级

18. ［单选］对相关公民、法人和其他组织的合法权益造成严重损害或特别严重损害，或者对社会秩序和公共利益造成危害，但不危害国家安全，这在信息安全技术网络安全等级保护制度中，处于（　　）。

A. 第一级　　B. 第二级

C. 第三级　　D. 第四级

19. ［单选］对社会秩序和公共利益造成特别严重危害，或者对国家安全造成严重危害，这在信息安全技术网络安全等级保护制度中，处于（　　）。

A. 第一级　　B. 第三级

C. 第四级　　　　D. 第五级

20. ［单选］在信息安全技术网络安全等级保护制度中，最高等级的危害为（　　）。

A. 对社会秩序和公共利益造成严重危害，或者对国家安全造成危害

B. 对社会秩序和公共利益造成特别严重危害，或者对国家安全造成严重危害

C. 对国家安全造成严重危害

D. 对相关公民、法人和其他组织的合法权益造成特别严重损害

（二）填空题

1. 当前社会是________________的社会。

2. 如果信息未经授权被________________，则表示信息的完整性受损。

3. 信息如果________________，则对合法用户来说，信息已经被破坏。

4. ____________________后的信息能够在传输、使用和转换过程中避免被第三方非法获取。

5. 从________________层面看，我国正将保障信息安全放到国家战略的层面来推进，对信息安全的重视程度越来越高。

6. ________________程序是指那些绕过安全性控制而获取其他程序或系统的访问权的程序。

7. ________________中第二百八十五条规定了非法侵入计算机信息系统罪。

8. ________________中第二百八十六条规定了破坏计算机信息系统罪。

9. __________________，信息安全技术网络安全等级保护制度 2.0 标准（简称等保 2.0 标准）正式实施，将等级保护对象的安全保护等级分为五级。

10. 将信息备份到移动存储设备（如 U 盘）或网络云盘中，防止信息损坏或系统崩溃后________________。

（三）判断题

1. 在使用互联网的过程中，个人的各种信息也会更多地出现在互联网中，这就增加了信息被非法利用的概率。（　　）

2. 信息安全问题主要是国家、企业关心的问题，个人在这个方面难以有所作为。（　　）

3. 在信息安全中，泄露涉及的是信息的完整性。（　　）

4. 如果信息完整，则表示只有得到允许的用户才能修改信息，并且能够判断出信息是否已被修改。（　　）

5. 我国在信息化领域的法治建设已经取得了一定成效，相关法律保障体系日益完善。（　　）

6. 网络为人们带来了更多便利的同时，也严格保护着人们的信息安全。 （ ）

7. 程序员在发布程序之前，往往会将“后门”程序删除，以免不法分子利用“后门”程序将恶意程序传递到网络和计算机中窃取信息。 （ ）

8. 一些恶意程序往往会伪装为人们感兴趣的内容，当用户访问或执行下载等操作时，恶意程序就会被传输到用户计算机上。 （ ）

9. 国家制定的一系列法律法规文件，可以制约和规范人们对信息的使用行为，阻止有损信息安全的事件发生。 （ ）

10. 在信息安全技术网络安全等级保护制度中，对社会秩序和公共利益造成特别严重危害，为最高等级的危害。 （ ）

（四）简答题

1. 什么是信息安全?

2. 信息安全的基础是什么?

3. 就目前来看，信息安全主要面临哪些威胁?

4. 随着我国信息化建设的不断推进，信息安全保护逐渐成为我国国家战略层面上的重要问题，为了大力推进信息安全保护工作，一系列保护信息安全的法律法规也陆续出台。请列举我国关于信息安全保护的法律法规，并说一说其主要对信息安全进行了哪些方面的保护。

5. 信息安全技术网络安全等级保护制度 2.0 标准划分了等级保护对象的安全保护等级，请简述各个等级中对等级保护对象受到破坏的侵害程度的规定。

（五）操作题

1. 防火墙是计算机在内部网和外部网、专用网与公共网之间的界面上构造的保护屏障，当开启了计算机的防火墙后，计算机就可以发现并处理计算机运行时潜在的安全风险、数据传输风险等问题，确保计算机正常运行。请根据下列操作，启动计算机的防火墙。

（1）右击桌面上的“Network”，在弹出的快捷菜单中选择“属性”命令。

（2）在打开的面板左下角单击“Windows Defender 防火墙”超链接。

（3）在打开的面板左侧单击“启用或关闭 Windows Defender 防火墙”超链接。

（4）在打开的面板中选中“启用 Windows Defender 防火墙”选项，然后单击“确定”按钮保存设置。

2. 社会的发展离不开信息网络，而信息网络的使用也可能给用户带来安全隐患，导致重要的个人信息泄露或被不法分子利用，所以用户必须培养信息安全意识。请你想一想，作为信息安全保护中的个体，我们可以从哪些方面来保证自己的网络信息安全。将你的网络信息安全保护措施填入表 7-1 中。

表7-1 个人网络信息安全保护措施

项目	我的网络信息安全保护措施
1	示例：养成良好的上网习惯，不访问来源不明或不健康的网站
2	
3	
4	
5	
6	
7	
8	

3. 在保护个人信息时，也要注意对计算机上的本地信息进行保护。请你列举一些个人计算机的信息安全保护措施，并填入表 7-2 中。

表7-2　个人计算机信息安全保护措施

项目	我的个人计算机信息安全保护措施
计算机权限	示例：如设置专用账户，设置登录密码，防止其他无权限的用户登录计算机进行非法操作
信息加密	
信息备份	

四、课后总结

请回顾本项目内容，对项目知识的学习情况进行总结。

1. 学习重难点

2. 学习疑问

3. 学习体会

项目 7.2　防范信息系统恶意攻击

一、学习目标

知识目标

◎ 了解信息安全的标准与规范。
◎ 了解常见的信息系统恶意攻击的形式和特点。
◎ 了解信息系统安全防范的一些常用技术。

技能目标

◎ 能够针对信息系统的恶意攻击形式进行分析。
◎ 能够使用系统软件或其他工具进行系统的安全防范。

素养目标

◎ 加强在信息网络空间中的防护能力。
◎ 培养创新精神、实践能力和对新技术的应用能力。

二、学习案例

据瑞星公司发布的《2022年中国网络安全报告》报告指出，2022年瑞星“云安全”系统共截获病毒样本总量7355万个，病毒感染次数1.24亿次，新增木马病毒4515万个。另外，截获手机病毒样本152.05万个，病毒类型以信息窃取、远程控制、恶意扣费、资费消耗等类型为主。

多年来，尽管国家对信息安全保护的政策措施在不断加强，社会、个人对信息安全的保护意识在不断提高，但信息安全仍然存在着由各种客观因素导致的安全隐患。为了进一步加强全社会的信息安全防护能力，在4·15全民国家安全教育日，一些地方政府会发布关于防范恶意软件、漏洞攻击，识别网络“陷阱”及进行网络安全防护的注意事项，如图7-1所示。

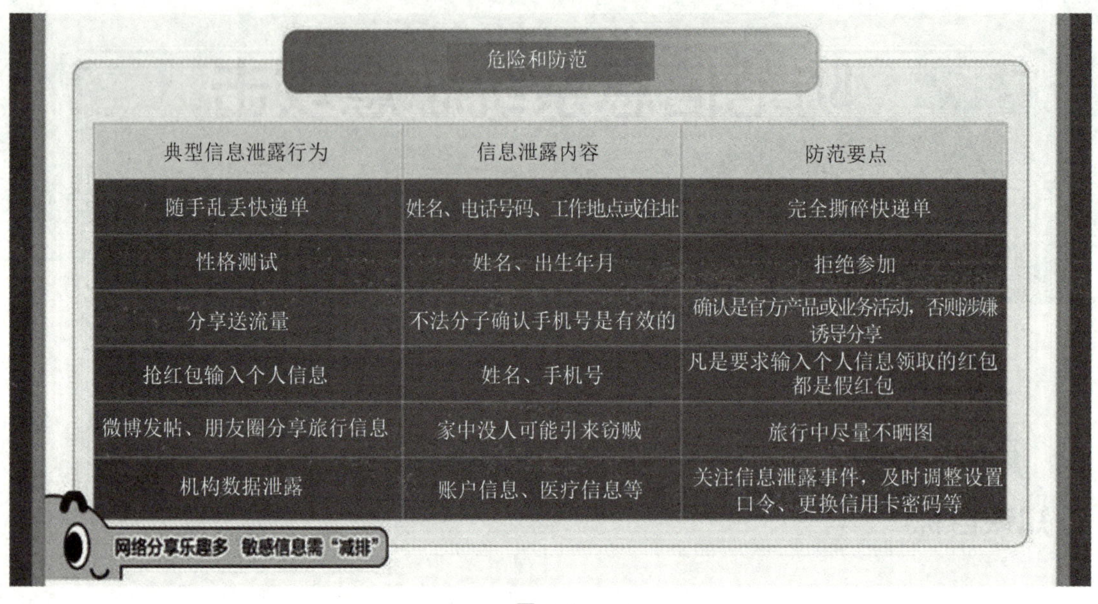
危险和防范

典型信息泄露行为	信息泄露内容	防范要点
随手乱丢快递单	姓名、电话号码、工作地点或住址	完全撕碎快递单
性格测试	姓名、出生年月	拒绝参加
分享送流量	不法分子确认手机号是有效的	确认是官方产品或业务活动，否则涉嫌诱导分享
抢红包输入个人信息	姓名、手机号	凡是要求输入个人信息领取的红包都是假红包
微博发帖、朋友圈分享旅行信息	家中没人可能引来窃贼	旅行中尽量不晒图
机构数据泄露	账户信息、医疗信息等	关注信息泄露事件，及时调整设置口令、更换信用卡密码等

图7-1

作为互联网用户，我们也应该增强信息安全意识，提高个人防护能力，将信息安全防护培养成我们的习惯。请思考以下问题。

（1）你在自己的计算机中安装了查杀病毒的软件吗？

（2）你遇到过计算机运行速度缓慢、计算机经常死机、系统提示内存不足、操作系统自动执行操作等类似的问题吗？

（3）如果你的计算机出现上述问题，你会如何解决呢？

（4）你喜欢通过哪些方式来保护自己的计算机，以防范计算机遭到恶意攻击？

三、课堂测验

（一）选择题

1. ［单选］防范信息系统遭受恶意攻击的最终目的是（　　）。

   A. 保证信息系统的机密性、完整性、可用性

   B. 避免信息系统可能遭受的恶意攻击

   C. 快速寻回丢失或损坏的数据

   D. 保证信息的准确性、完整性

2. ［多选］信息安全标准与规范主要包括（　　）等方面的内容。

   A. 组织安全　　B. 信息资产与人员安全

   C. 物理和环境安全　　D. 通信和操作安全

   E. 访问控制安全　　F. 密码安全

3. ［多选］在信息安全标准与规范中，组织安全主要包括（　　）几个方面的内容。

A. 建立信息安全管理体系　　B. 落实分配的任务

C. 对信息设备有授权规定　　D. 明确第三方访问的风险

4. ［多选］在信息安全标准与规范中，信息资产与人员安全主要包括（　　）几个方面的内容。

A. 明确信息资产权限　　B. 规定使用信息资产的规范

C. 对人员进行安全教育培训　　D. 制定信息安全奖惩制度

5. ［多选］在信息安全标准与规范中，物理和环境安全主要包括(　　)几个方面的内容。

A. 明确信息使用安全区域　　B. 保证场所和设施安全

C. 防范外部和环境的威胁　　D. 制定设备维护等安全制度

6. ［多选］在信息安全标准与规范中,访问控制安全主要包括（　　）几个方面的内容。

A. 制定访问控制管理办法　　B. 按规定备份数据

C. 制定网络服务使用办法　　D. 明确访问权限和责任

7. ［多选］信息系统可能遭受的恶意攻击包括（　　）。

A. DDoS 攻击　　B. 暴力破解

C. 浏览器攻击　　D. 跨站脚本攻击

E. 恶意软件

8. ［单选］（　　）的攻击者会使用一个账号将 DDoS 主控程序安装在一台计算机上，并在一个设定的时间内使主控程序与大量代理程序通信。

A. 浏览器攻击　　B. 暴力破解

C. 分布式拒绝服务攻击　　D. 跨站脚本攻击

9. ［单选］（　　）是一种不断对网站发送连接请求致使网站拒绝服务的恶意攻击方式。

A. 浏览器攻击　　B. CC 攻击

C. 分布式拒绝服务攻击　　D. 恶意软件攻击

10. ［单选］（　　）是指攻击者试图通过反复攻击来发现系统或服务的密码。

A. 分布式拒绝服务攻击　　B. 浏览器攻击

C. 暴力破解　　D. 跨站脚本攻击

11. ［单选］（　　）是指攻击者通常选择一些合法但易被攻击的网站，然后利用恶意软件将网站感染。

A. 浏览器攻击　　B. CC 攻击

C. 分布式拒绝服务攻击　　D. 暴力破解

12. ［单选］（　　）是指往网页里插入恶意 HTML 代码，当用户浏览该页面时，嵌入网页里面的恶意 HTML 代码就会被执行，并完成恶意攻击的任务。

A. 浏览器攻击　　B. 跨站脚本攻击

C. 分布式拒绝服务攻击　　D. 暴力破解

13. ［多选］下列选项中，属于恶意软件的有（　　）。

A. 病毒　　B. 蠕虫

C. 木马　　D. 未经常使用的应用程序和应用软件

14. ［多选］下列方法中，可用于信息系统安全防范的有（　　）。

A. 开启防火墙　　B. 备份数据

C. 加密数据　　D. 查杀木马与病毒

E. 补全系统漏洞

15. ［多选］开启防火墙是计算机能够安全访问网络的必要条件，一般来说，防火墙主要具备（　　）等功能。

A. 网络安全屏障　　B. 强化安全策略

C. 监控审计　　D. 防止信息外泄

16. ［单选］防火墙的（　　）功能，可以记录下所有访问情况，发现可疑行为时马上提示。

A. 强化安全策略　　B. 防止信息外泄

C. 监控审计　　D. 网络安全屏障

17. ［单选］防火墙的（　　）功能，可以隐蔽泄露内部细节的服务，防止信息被攻击者获取。

A. 强化安全策略　　B. 监控审计

C. 网络安全屏障　　D. 防止信息外泄

18. ［单选］（　　）是有效防止数据损坏、丢失的一种手段。

A. 补全系统漏洞　　B. 病毒查杀

C. 数据备份　　D. 数据检查

19. ［单选］（　　）通过加密算法和加密密钥将明文转变为密文，想要使用数据时，必须通过解密算法和解密密钥将密文恢复为明文。

A. 数据筛选　　B. 数据加密

C. 数据备份　　D. 数据检查

20. ［单选］小文在计算机的 E 盘中放置了自己设计的作品，为了保证作品的安全性，他想对 E 盘中的所有数据进行加密，他可以利用 Windows 10 的（　　）功能加密磁盘驱动器。

A. BitLocker　　B. 程序和功能

C．备份和还原　　D．Windows Defender 防火墙

21．［单选］小文想对放置了自己设计作品的文件夹进行加密，他可以使用（　　）来实现。

A．BitLocker　　B．WinRAR

C．设备管理器　　D．Windows Defender 防火墙

22．［单选］（　　）是指隐藏在正常程序中的一段具有特殊功能的恶意代码。

A．木马　　B．蠕虫　　C．病毒　　D．失效文件

23．［单选］（　　）是在计算机程序中插入的破坏计算机功能或数据的代码。

A．失效文件　　B．蠕虫　　C．病毒　　D．木马

24．［多选］病毒能影响计算机的正常使用，具有（　　）等特点。

A．传播性　　B．隐蔽性　　C．感染性　　D．潜伏性

E．可激发性　　F．破坏性

25．［单选］（　　）是指操作系统在逻辑设计上存在的缺陷或错误。

A．软件漏洞　　B．系统漏洞　　C．病毒　　D．木马

26．［单选］通过（　　），可以及时修复系统漏洞。

A．Windows 10 操作系统的更新功能

B．查杀木马

C．删除有问题的文件

D．重装系统

27．［单选］（　　）的实现需要借助“算法”和“密钥”这两个工具。

A．系统备份技术　　B．数据备份技术

C．文件压缩技术　　D．加密技术

28．［单选］根据加解密密钥是否相同，加密技术有（　　）之分。

A．加密与不加密　　B．简单加密与复杂加密

C．对称加密和非对称加密　　D．同位加密和非同位加密

29．［单选］（　　）技术的算法公开，计算量小、加密速度快、加密效率高。

A．数字加密　　B．混合加密

C．对称加密　　D．非对称加密

30．［单选］（　　）技术需要成对的公开密钥和私有密钥，即用公开密钥对数据加密后，只能用成对的私有密钥才能解密。

A．非对称加密　　B．混合加密

C．对称加密　　D．复杂加密

（二）填空题

1. 要想有效防范信息系统遭受恶意攻击，首先应该建立行之有效的信息安全________________。

2. 为了保护信息的________________，可以制订通信安全制度，按规定备份数据，定期查杀病毒。

3. 分布式拒绝服务攻击即________________。

4. ________________使用户无法找到真正的攻击源，也看不到特别大的异常流量，但会造成服务器无法正常连接。

5. 在________________攻击中，受感染的站点会通过浏览器的漏洞将恶意软件植入访问者的计算机中。

6. ________________通过动态改变攻击代码，可以逃避入侵检测系统的特征检测。

7. 防火墙的________________功能，可以禁止不安全的网络文件系统协议进出受保护的网络。

8. 数据备份常见的形式包括________________、________________和________________。

9. 加密________________后，计算机中的其他用户双击该磁盘驱动器会打开输入密码的对话框，只有输入正确的密码才能使用其中的数据。

10. 一般的木马程序主要是寻找计算机________________，并伺机窃取计算机中的密码和重要文件，或者对计算机实施监控、资料修改等非法操作。

11. 在计算机上安装专门查杀木马和病毒的软件，不定期对木马和病毒进行查杀，可以保证________________。

12. ________________容易被不法者利用，通过植入木马、病毒等方式攻击计算机。

13. ________________是用来对数据进行编码和解码的一种算法。

14. ________________指文件加密和解密使用相同的密钥。

15. ________________的密钥分配简单、密钥保存负担小，可以满足互不相识的用户之间进行私人谈话时的保密性要求。

（三）判断题

1. 信息安全面临着各种各样的风险与威胁，用户往往只能在遭遇信息威胁时，采取相应措施对信息破坏进行补救，以免导致严重损失。（　　）

2. 病毒、木马，以及各种恶意程序，都会对用户的信息安全造成很大的影响。（　　）

3. 分布式拒绝服务攻击的攻击者一旦开始攻击，主控程序能在几秒内激活成百上千次代理程序的运行。（　　）

4. 暴力破解攻击经常被用于对网络服务器等关键资源的窃取上。（　　）

5. 有些恶意软件入侵手机后，会导致手机摄像头无法正常使用。（　　）

6. 防火墙的网络安全屏障功能，可以将所有安全软件，如口令、加密、身份认证、审计等配置在防火墙上。（　　）

7. 防火墙是一种将内部网和外部网分开，以避免内部网的潜在危险随意进入外部网的隔离技术。（　　）

8. 数据检查是保证信息安全最可靠的办法之一。（　　）

9. 在信息系统中，不能对磁盘驱动器进行整体加密，只能对重要的数据文件或文件夹进行加密。（　　）

10. 加密文件或文件夹后，使用者也必须输入正确的密码才能访问并使用数据内容。（　　）

11. 为了避免计算机感染木马和病毒，用户可以使用 Windows 10 操作系统的安全中心对计算机中的文件进行查杀，以保证数据的安全。（　　）

12. 修复系统漏洞可以使操作系统更加安全可靠。（　　）

13. 使用对称加密技术加密的数据在传送前，发送方和接收方需要商定好密钥，任意一方的密钥被泄露，加密的信息就不安全。（　　）

14. 非对称加密会增加信息收发双方密钥管理的负担。（　　）

15. 非对称加密技术中，公钥密码的计算量特别大。（　　）

（四）简答题

1. 简述信息安全标准与规范的参考建议。

2. 恶意程序最常见的攻击形式有哪些？

3. 简述防火墙的主要功能。

4. 在日常使用计算机的过程中，可以通过哪些操作来更好地保证信息安全？

5. 什么是加密技术？加密技术大致可以分为几类？

（五）操作题

1. 按以下要求对文件进行加密操作。

（1）下载并安装 WinRAR。

（2）在 D 盘新建“资料”文件夹，使用 WinRAR 对文件夹进行加密压缩。

（3）将密码设置为“123456”。

（4）使用密码打开该加密压缩的文件夹。

2. 按以下要求进行计算机的维护操作。

（1）安装电脑管家，在主界面选择“病毒查杀”功能，使用“闪电杀毒”功能快速对计算机中的文件进行扫描和查杀。

（2）在“病毒查杀”界面中单击“修复漏洞”超链接，扫描并修复系统漏洞。

3. 按以下要求对 Windows 10 系统进行更新。

（1）打开系统设置窗口，选择“更新和安全”选项，选择窗口左侧的“Windows 更新”选项。

（2）在打开的面板中检查系统更新情况，如有更新补丁，下载并更新。

（3）更新完成后，重启计算机。

四、课后总结

请回顾本项目内容，对项目知识的学习情况进行总结。

1. 学习重难点

2. 学习疑问

3. 学习体会

模块8

人工智能初步
——无限可能的未来世界

项目 8.1 初识人工智能

一、学习目标

知识目标

◎ 了解人工智能技术的发展和应用情况。
◎ 了解人工智能对人类社会发展产生的影响。
◎ 熟悉人工智能的基本原理。
◎ 掌握人工智能的具体应用。

技能目标

◎ 能够对人工智能有深入的了解。
◎ 能够理解人工智能的原理。
◎ 能够在实际生活中合理应用人工智能。

素养目标

◎ 培养思维意识和行为习惯，落实学科核心素养。
◎ 培养主动学习与探索新鲜事物的精神。

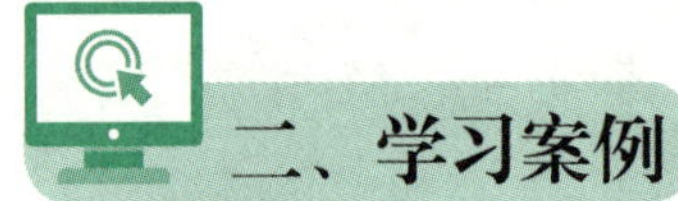

二、学习案例

案例 1　人工智能市场的未来发展

自 20 世纪 50 年代人工智能这一学科概念被提出至今，业界对“智能”的讨论从未停止。在 2023 中国人工智能大会上，行业中的各位专家仍然在讨论这个话题。

赛迪顾问发布的《2024 年人工智能行业趋势洞察：铺平数字经济创新发展的“快轨”》主题报告中提到，2023 年，以大模型为代表的 AIGC（人工智能生成内容）颠覆了人工智能技术发展和场景创新，人工智能在各行各业中广泛应用，进一步促进了我国人工智能产业规模持续增长。据统计，2023 年人工智能在行业应用的采用率已经达到 28%，在以生成式人工智能去中心化、非物质化和全生命周期三大推动力的作用下，人工智能率先在数字内容与媒体、金融信息服务、数字化零售、智慧医疗和智能制造等领域释放产业价值。

2024 年 1 月 3 日，互联网数据中心（Internet Data Center，IDC）与钉钉联合发布了《2024 年 AIGC 应用层十大趋势白皮书》，该白皮书表明，随着人工智能技术的发展，AIGC 应用呈爆发式增长，2024 年全球将涌现出超过 5 亿个新应用。并且，未来呈现出十大发展趋势，一是应用层创新成为 AIGC 产业发展的确定方向；二是大模型从“赶时髦”到“真有用”，成为提效手段；三是专属、自建模型将在中大型企业涌现；四是多模态大模型塑造“多边形战士”应用；五是 AI Agent（人工智能代理）是大模型落地业务场景的主流形式；六是 AIGC 加速超级入口的形成；七是业务流程转向“无感智能”；八是应用从云原生走向 AI 原生；九是 AIGC 逐步普惠化；十是智能涌现是把双刃剑，需要与之匹配的安全措施。

请思考以下问题。

（1）你如何看待人工智能这一领域？

（2）在很多科幻题材的电影或文学作品中，经常会出现与人类极其相似的机器人，你认为这个是人工智能吗？这与当前的人工智能有什么区别？

（3）你使用过哪些与人工智能相关的应用？

（4）你觉得人工智能对我们的生活会产生哪些影响？

案例 2　人工智能与青少年教育

2021 年的世界人工智能大会向人们展示了人工智能“朴实”的一面。与往届的人工智能大会相比，这一届的人工智能大会并没有展示“酷炫”的技术，而是将人工智能、数字化技术的成果应用到了会场的各个方面。在大会上，与会人员与全球首个火星车数字人“祝融号”相谈，虚拟主持人和大会主持人一起为观众表演了一场“脱口秀”，“商汤闪存柜”利用人脸识别技术轻松实现物品存取，无人咖啡店的机器人可以快速制作一杯现磨咖啡，用户迷路了还能找智能“魔镜”问路。

一位知名的互联网企业创始人认为，人工智能无疑会影响未来 40 年人类的发展进程，将给交通、金融、工业、能源、媒体等行业带来数字化升级的新思路和新解法，甚至已经开始重塑行业面貌，进而影响人类社会的未来。

“人工智能”一词在我们的生活中越来越常见。自2017年国务院印发《关于新一代人工智能发展规划》的通知以来，我国就一直在加速推进人工智能的发展布局，抢抓人工智能发展的重大战略机遇，构筑我国人工智能发展的先发优势，加快建设创新型国家和世界科技强国。

青少年作为国家和民族的后备力量，其能力与素质的培养始终是社会关注的重点。目前，世界各国都在关注青少年人工智能教育，并制订了青少年人工智能教育规划。在人工智能及教育规划方面，我国也发布了《新一代人工智能发展规划》和《全民科学素质行动规划纲要（2021—2035年）》等文件以推进人工智能时代新型人才的培养、全面提升青少年人工智能核心素养。中国自动化学会牵头、多家科研院所高等院校的专家支持发布了“青少年人工智能核心素养模型框架体系”，并推出了“青少年人工智能核心素养测评大纲”（简称AICE测评）。AICE测评体系提出，青少年应具备通识技能、高阶思维、协同创新、社会责任等核心素养，做人工智能时代合格的数字公民。

与此同时，各地为了提升青少年人工智能教育质量，陆续举办了各类青少年人工智能大赛，开展人工智能课程、科技展观摩等主题活动，以此激发青少年崇尚科学、敢于创新的热情，使青少年感受到科技的无限魅力。

请思考以下问题。

（1）推行人工智能教育对青少年有何意义？

（2）你了解过青少年人工智能大赛吗？你知道这些青少年人工智能大赛上诞生了哪些作品吗？

（3）你觉得青少年应该培养哪些方面的能力，以提升自身的人工智能素养？

三、课堂测验

（一）选择题

1. ［单选］（　）年，达特茅斯（Dartmouth）会议首次提出“人工智能”这一术语，标志着人工智能学科的诞生。

A. 1952　　B. 1956

C. 1950　　D. 1954

2. ［单选］从（　）年的图灵实验开始，人工智能一步步发展到了今天。

A. 1951　　B. 1950

C. 1949　　D. 1952

3. ［单选］从（　）开始，人工智能从理论研究走向实际应用、从一般推理策略探讨转向专门知识运用。

A. 20 世纪 70 年代前后　　B. 20 世纪 60 年代前后

C. 19 世纪 70 年代前后　　D. 19 世纪 60 年代前后

4. ［单选］（　　）年，IBM 公司研制的智能计算机“深蓝”首次挑战国际象棋冠军加里·卡斯帕罗夫。

A. 1991　　B. 1990　　C. 1999　　D. 1996

5. ［多选］人工智能的发展过程可以归纳为（　　）这几个重要阶段。

A. 起源　　B. 实践应用　　C. 突飞猛进　　D. 深入挖掘

6. ［单选］（　　）年，AlphaGo 与中日韩数十位围棋高手进行快棋对决，连续 60 局无一败绩。

A. 2015　　B. 2017　　C. 2010　　D. 2016

7. ［单选］（　　）是指在制造过程中进行分析、推理、判断、构思和决策等智能活动，通过人与智能机器的合作，去扩大、延伸和部分取代人类在制造过程中的劳动。

A. 智能制造　　B. 智能物流　　C. 智慧交通　　D. 智慧农业

8. ［单选］无人车搬运与装卸货物、无人机配送货物、智能客服等技术，体现了人工智能在（　　）领域的应用。

A. 智慧医疗　　B. 智慧交通　　C. 智能物流　　D. 智慧农业

9. ［单选］智能农机、智慧大田等技术，体现了人工智能在（　　）领域的应用。

A. 智慧农业　　B. 智慧交通　　C. 智慧医疗　　D. 智能制造

10. ［单选］图 8-1 ～图 8-4 中，（　　）体现了人工智能在智慧物流领域的应用。

A. 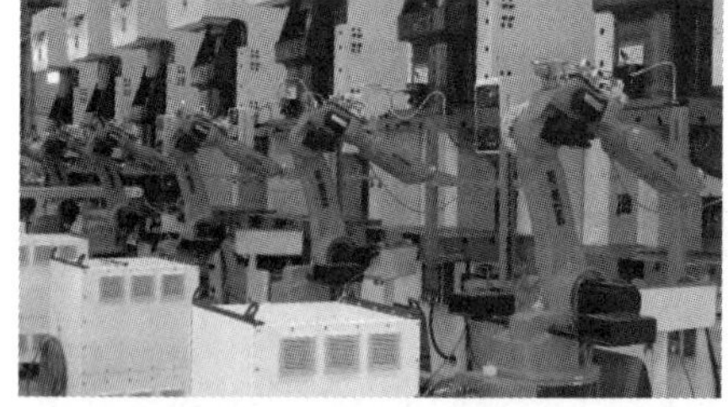

图 8-1

B. 

图 8-2

C. 

图 8-3

D. 

图 8-4

11. ［多选］人工智能对人类社会发展产生的影响是多元的，既有拉动经济、造福社会的正面效应，也可能出现（　　）等社会问题。

A. 法律失准　　B. 道德失范　　C. 技术失德　　D. 安全失控

12. ［单选］人工智能是新一轮的科技革命和产业变革的核心力量，它能够促进社会生产力的整体发展，可以（　　）。

A. 推动传统产业升级换代　　B. 保护个人信息和隐私

C. 保护数据的安全和完整　　D. 防范有害信息入侵计算机

13. ［多选］当下人工智能虽然发展迅速，给人们的生活和工作带来了便利，但也面临着一定的安全风险，这些风险主要体现在（　　）。

A. 算法风险　　B. AI 高度依赖数据基础风险

C. 隐私数据泄漏风险　　D. 技术滥用风险

14. ［多选］人工神经网络可以执行（　　）等工作，甚至能够创建图像或形成新设计。

A. 模式识别　　B. 语言翻译

C. 逻辑推理　　D. 计算程序编写和数字模型构建

15. ［单选］（　　）是一项特别重要的功能，也是人工智能最基本的应用原理。

A. 模式识别　　B. 语言翻译

C. 逻辑推理　　D. 计算程序编写和数字模型构建

16. ［单选］（　　）是人工神经网络中一个重要的算法。

A. 数据结构算法　B. 基数算法　　C. 卷积神经网络　　D. 随机算法

17. ［单选］具备了（　　）的认知功能，人工智能才可能实现智能感知和判断决策。

A. 逻辑推理　　B. 语言翻译　　C. 模型构建　　D. 模式识别

18. ［多选］下列技术中，属于智能客服常用技术的有（　　）。

A. 大规模知识处理技术　　B. 自然语言理解技术

C. 知识管理技术　　D. 自动问答系统

E. 推理技术

19. ［单选］（　　）能够以图像的主要特征为基础，通过存储的大量数据和先进的算法完成对图像的识别操作。

A. 图像识别技术　　B. 智能语音识别技术

C. 智能客服技术　　D. 智能制造技术

20. ［单选］在（　　）下，每一层的神经网络都会对目标进行图像组合分析和特征检测，然后将判断结果传递给下一层神经网络，最终以这种分层的方式实现复杂的模式识别。

A. 卷积神经网络　B. 网络协议分层　　C. 人工智能计算　　D. 人工智能识别

（二）填空题

1. 人工智能是一门前沿科学，不仅涉及________________，还包含语言学、数学、逻辑学、认知科学、行为科学、心理学等各个领域的内容。

2. ________________，世界上第一个专家系统 Dendral 问世，该系统可以推断化学分子结构。

3. IBM 公司研制的“深蓝”重达 1270 千克，有 32 个微处理器，每秒可以计算__________步。

4. ________________是阿里云推出的 AI 绘画创作大模型之一。

5. 借助________________系统，可以提升交通道路效率、有效控制交通事故率、缓解城市交通压力等。

6. ________________是百度在 2023 年 3 月正式推出的大型语言模型、生成式 AI 产品。

7. 语音助手是目前大多数智能手机的必备应用，它通过________________与即时问答的交互方式，帮助用户更方便地完成手机操作。

8. 卷积神经网络具有________________、________________和各种隐藏层。

9. 在________________领域，人工智能技术的应用可以帮助人们全天候智能监控路面交通情况，并上报数据。

10. 智慧农机喷洒作业明显提升了农业生产效率，这体现了人工智能技术在________________方面的重要价值和作用。

（三）判断题

1. 1950 年，艾伦·麦席森·图灵提出的“图灵测试”开创了人工智能的先河。（ ）

2. “深蓝”挑战国际象棋冠军加里·卡斯帕罗夫，标志着人工智能广泛应用于人类社会中的各个领域。（ ）

3. 在农业领域应用人工智能技术，可以有效提高生产率、资源利用率和土地产出率，增强农业抗风险能力，实现农业可持续发展，促进从传统农业向现代农业的跨越。（ ）

4. 卷积神经网络具有输入层、输出层和各种隐藏层，可以使用数学模型将结果传递给连续的层，这一过程模拟了人类视觉皮层中的一些动作，因此它被称为卷积神经网络。（ ）

5. 智能客服可以实现与客户的自主沟通。（ ）

6. 图像识别技术并不属于人工智能的领域。（ ）

7. Neuralink 公司研发的脑机接口概念图，已经可以用于弥补因中风、事故、先天原因而失去的大脑部分功能。（ ）

8. 在人工智能时代，人们在研究和应用人工智能技术时如果忽视了科技伦理，便可能给社会发展带来极大的负面影响。（ ）

9. 用智能机器完成部分难度较大或环境较恶劣的工作，提高制造生产效率，这说明人工智能技术在智慧医疗领域具有巨大价值。 ( )

10. 随着人工智能技术的不断发展与应用的不断深入，人们对人工智能的讨论也出现了争议，例如，有人支持人工智能的发展，而有人认为人工智能的发展可能会造成社会混乱。 ( )

（四）简答题

1. 简述人工智能发展的几个重要阶段及其代表性事件。

2. 随着互联网的飞速发展，大数据、物联网、云计算等相关技术得到广泛应用，人工智能技术也遍布人们衣食住行的各个领域。你知道哪些领域中已经有了人工智能应用的实例吗？请举例说明。

3. 你认为人工智能对人类的影响主要有哪些？分别说一说正面的影响和负面的影响。

4. 小豪在路边看到一丛花，他想知道这是什么花，于是拍了一张照片，将照片上传到一个人工智能应用中，该应用很快便识别出这是蔷薇科植物。你觉得小豪通过拍照上传的方式获取植物信息，体现了人工智能的什么功能？请你简述该人工智能应用识别出该植物的基本流程。

5. 根据你对卷积神经网络的了解，在图 8-5 中的横线上填写相应内容，以说明卷积神经网络模式识别的分层方式。

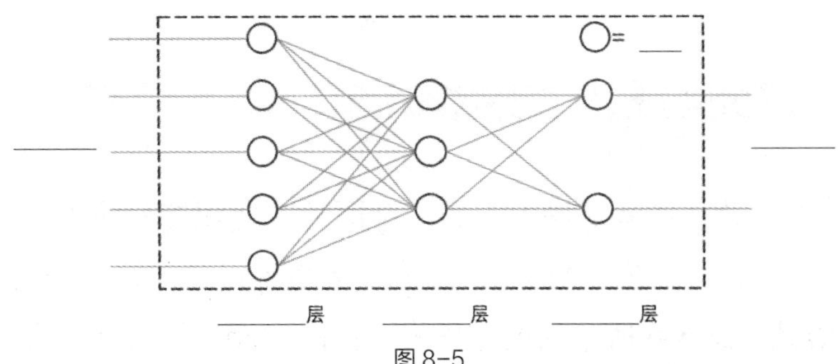

图 8-5

（五）操作题

1. 在我们的日常生活中，已经出现了很多不同用途的人工智能产品，搜集并整理这些人工智能产品的信息，分析其功能和应用领域，并填入表 8-1 中。

表8-1　人工智能产品的功能与应用领域

人工智能产品	功能	应用领域
智能机器人	示例：北京冬奥会上的智能咖啡机器人“大白”，可以冲泡咖啡，还可以为咖啡拉花	示例：餐饮
智能运载工具		
智能音箱		
智能终端		
智能识图		
智能家居		
智能医疗		

2. 试着拍摄一种花朵，或者从网上下载花朵图片，使用搜狗输入法“AI 黑科技”下的“拍照识物”功能，或下载“扫描计数王”，或使用华为手机的“识物”功能，扫描并识别花朵的名称、科属等信息，图 8-6 所示为使用华为手机的“识物”功能识别植物。

图 8-6

3. 使用文心一言生成一篇学习总结，具体要求如下。

（1）根据自己的学习情况，提出写作要求，要求文心一言优化、细化大纲。

（2）使学习总结中包含对学习情况回顾、经验体会、存在的问题、今后努力的方向等内容。

（3）对文心一言生成的内容进行优化，直至满意。

四、课后总结

请回顾本项目内容，对项目知识的学习情况进行总结。

1. 学习重难点

2. 学习疑问

3. 学习体会

项目 8.2 了解机器人

一、学习目标

知识目标

◎ 了解机器人技术的发展。
◎ 了解机器人技术的应用。

技能目标

◎ 能够识别生活中常见的机器人。
◎ 能够在实际生活中合理应用机器人技术。

素养目标

◎ 培养科学技术方面的创新意识和创造力思维。
◎ 了解国家科学技术发展成果，激发爱国情怀和行业使命感。

二、学习案例

案例 1　医疗机器人的应用

小敏在查找机器人应用的时候，看到这样一则新闻——有一家医院借助手术机器人，成功为一名患者开展了肝囊肿开窗引流术。

新闻介绍，这个手术机器人由视频成像系统、床旁机械臂系统和主刀医生控制台 3 个部分组成。视频成像系统负责“看”和“感知”，床旁机械臂系统就相当于“手”，而主刀医生控制台可以让医生观察病灶、操控机器人完成手术。

这则新闻让小敏对机器人产生了强烈的探知欲。在看到这则新闻之前，小敏也看过一些关于机器人的视频，在她的认知中，现阶段的机器人虽然可以在计算机指令的操纵下完成一些动作，但这些动作大多都算不上精细，但是手术却是一项非常精细的操作。一个机器人竟然可以在主治医生的操作下，完成移动、分离、切除、电凝、缝合等一系列精细的手术操作，这说明机器人技术已经发展到一个新的阶段。

现如今，各个行业和领域中都陆续出现了机器人的身影，这些机器人或许不是传统意义上“人”的外形，但却具备了一定程度上的人的“智能”。可以预见，机器人能够做到的事情将会越来越多，机器人的功能与应用也将得到更大程度的开发。

请思考以下问题。

（1）你认为机器人的主要作用是什么？

（2）你认为机器人可以像影视作品中呈现的一样，真正具备人的智慧吗？

（3）你认为在哪些行业中使用机器人可以提升行业的生产效率？

（4）你使用或见到过哪些机器人？这些机器人有哪些特点？

案例 2　机器人产业的未来发展

在北京冬奥会冰壶赛事场馆国家游泳中心“冰立方”，曾出现了一个六足机器人，该机器人是世界上首款模仿人蹬踏、支撑滑行、旋转冰壶行为方式的六足冰壶机器人，负责人说，冰壶机器人可以帮助制冰师了解场馆冰面情况，助力冰壶场馆设施调试；在升级后，可以成为冰壶运动员的“陪练”。在比赛间隙，也可以进行表演，提高大家对冰壶运动的兴趣，尤其是提高青少年的科研兴趣。

冰壶机器人是北京“科技冬奥”上众多机器人之一，除此以外，北京冬残奥会还展示了100 多个智能导览、移动售货、安防巡检、配送服务、清洁清扫等类型的智能机器人。

机器人被誉为“制造业皇冠顶端的明珠”，在当前的科技发展背景下，机器人的研发、制造和应用，被看作一个国家科技创新和高端制造业水平的标尺。在新一代信息技术、新材料技术等与机器人技术加速融合的背景下，加紧谋划布局机器人产业正当其时。

根据国际机器人联合会（IFR）发布的数据显示，截至 2021 年，我国已经连续 8 年成为全球最大的工业机器人消费国，2020 年制造业机器人密度达到 246 台 / 万人，是全球平均水平的近 2 倍。当前，我国机器人产业已基本形成从零部件到整机再到集成应用的全产业链体系，但在材料、核心元器件、加工工艺等方面仍旧比较薄弱。为了进一步发展机器人产业，推动机器人产业高质量发展，2022 年，工业和信息化部等 15 个部门联合发布了《“十四五”机器人产业发展规划》，标志着我国机器人产业迎来自立自强、跨越发展的战略机遇期。

我国拥有较为完整的机器人产业链条、强大的市场需求、集中力量联合攻关的制度保障等优势，机器人产业的高质量发展势在必行。青少年学生是在高新技术的陪伴下成长起来的一代人，应该激发自身对科技的好奇心和想象力，提升创新意识和创新能力，发掘科学潜质，立志成为具有较高科学素质的人才。

请思考以下问题。

（1）你是否了解过青少年机器人大赛？试着搜集大赛资料，分析青少年在机器人领域创造的成绩。

（2）假设你可以选择一个机器人为自己的生活或学习服务，你想选择什么类型的机器人？你希望这个机器人具备哪些功能？

（3）你认为在未来的10年甚至几十年，机器人可以发展到什么程度？可以帮助人们完成哪些工作？

三、课堂测验

（一）选择题

1. [单选]机器人是一种能够（　　）工作的智能机器。

A. 全自动　　B. 半自动

C. 半自主或全自主　　D. 完全自动化

2. [单选]在人工智能技术的不断研发和应用下，机器人逐步具备了（　　）等基本功能。

A. 感知、判断、思考　　B. 感知、决策、执行

C. 思考、决策、执行　　D. 感知、思考、判断

3. [多选]机器人技术是综合了（　　）等多学科而形成的高新技术。

A. 计算机　　B. 控制论

C. 机构学　　D. 信息和传感技术

E. 人工智能　　F. 仿生学

4. [单选]在过去的几十年中，机器人的发展主要经历了（　　）3个阶段。

A. 示教再现型机器人、感知型机器人、智能型机器人

B. 微型机器人、大型机器人、智能型机器人

C. 示教再现型机器人、功能型机器人、智能型机器人

D. 微型机器人、大型机器人、特种机器人

5. [单选]（　　）通过一台计算机来控制一个多自由度的机械（往往是机械臂）。

A. 功能型机器人　　B. 微型机器人

C. 智能型机器人　　D. 示教再现型机器人

6. [单选]为了让机器人能够在适应环境的境况下更好地完成工作，人们开始研究第二代机器人，即（　　）。

A. 功能型机器人　　B. 感知型机器人

C. 智能型机器人　　D. 示教再现型机器人

7. [单选]（　　）不仅具有感知能力，还具有一定独立行动的能力。

A. 示教再现型机器人　　B. 感知型机器人

C. 智能型机器人　　D. 微型机器人

8. [单选]图 8-7 ～图 8-10 中，属于感知型机器人的是（　　）。

A. 

图 8-7

B. 

图 8-8

C. 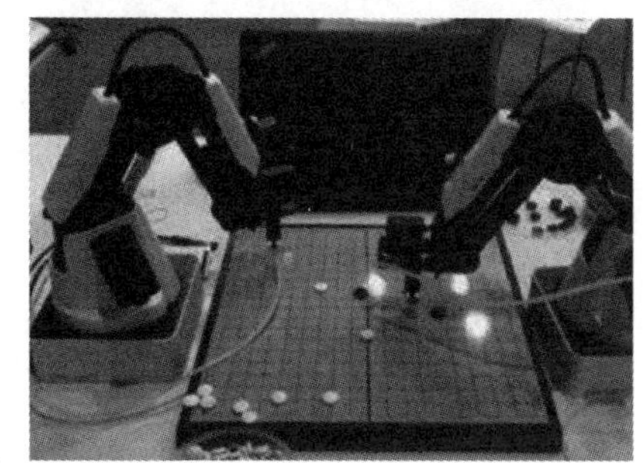

图 8-9

D. 

图 8-10

9. [单选]通过机器人进行焊接、切割、装配、喷漆、搬运、包装、产品检验等操作，属于机器人在（　　）中的应用。

A. 工业领域　　B. 农业领域　　C. 教育领域　　D. 医疗领域

10. [单选]通过机器人进行耕耘、施肥、除草、喷药、收割、采摘、林木修剪、果实分拣等操作，属于机器人在（　　）中的应用。

A. 工业领域　　B. 农业领域　　C. 制造领域　　D. 教育领域

11. [单选]纳米机器人能进入人体，反馈人体的内部情况，体现了机器人在（　　）中的应用。

A. 教育领域　　B. 制造领域　　C. 农业领域　　D. 医疗领域

12. [单选]艾萨克·阿西莫夫是著名的科幻小说作家，他提出了（　　）。

A. 机器人学两定律　　B. 机器人学三定律

C. 机器人学七定律　　D. 机器人学五定律

13. [单选]根据科幻小说作家艾萨克·阿西莫夫提出的机器人定律，首先，机器人（　　）。

A. 不得伤害人类个体，或者目睹人类个体将遭受危险而袖手旁观

B. 必须服从人类给予它的命令

C. 在不违反第一、第二定律的情况下要尽可能保证自己的生存

D. 必须终身服务于人类

14. ［单选］图 8-11 ～图 8-14 中，属于机器人在农业领域的应用的是（　　）。

A. 

图 8-11

B. 

图 8-12

C. 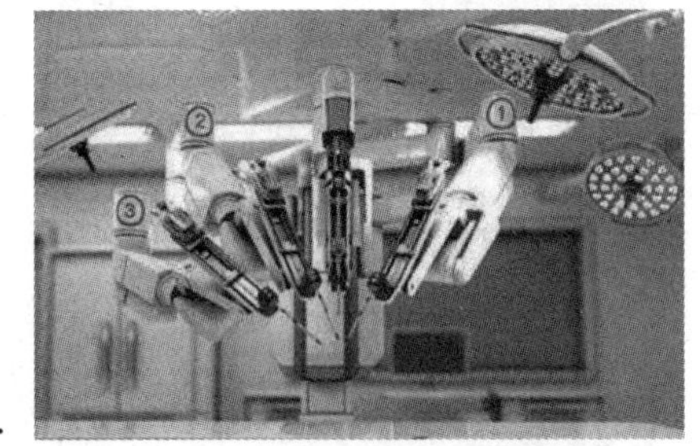

图 8-13

D. 

图 8-14

15. ［单选］某生产厂商开发了一款机器人，孩子们可以通过编程控制该机器人做出一些动作和行为，该机器人属于（　　）。

A. 娱乐型机器人　　B. 教育型机器人

C. 制造型机器人　　D. 交流型机器人

（二）填空题

1. 从________至今，机器人技术已经经过了几十年的发展。

2. ________机器人需要存储程序和信息，然后通过读取信息来重复存储程序中要求的指令。

3. ________机器人拥有触觉、视觉、听觉等感知能力，能够感知对象的形状、大小、颜色。

4. ________机器人带有多种传感器，可以进行复杂的逻辑推理、判断及决策。

5. 自主存取工具是________机器人的主要功能。

6. 能够独立与人类下棋对弈是________机器人才具备的能力。

7. 机器人的应用领域十分广阔，人们可以在生产生活中的各个方面体验到机器人技术的具体应用，如________、________、医疗、教育等领域。

8. ________领域的机器人可以对各阶段的学生进行多种教育，如启蒙教育、学科教育、专业知识教育等。

9. ________________被称为“现代机器人学的基石”。

10. 根据艾萨克·阿西莫夫提出的机器人学定律，机器人必须服从人类给予它的命令，属于第________________定律。

（三）判断题

1. 机器人技术与人工智能的相关性不大。（ ）

2. 机器人技术与计算机技术关系紧密。（ ）

3. 智能型机器人不具有对外界的感知能力，很难适应环境的变化。（ ）

4. 示教再现型机器人无法感知操作力的大小和焊接的好坏等。（ ）

5. 智能型机器人可以在变化的内部状态与外部环境中，自主决定自身的行为。（ ）

6. 在医疗行业中，机器人虽然可以用于医疗观察、检测等，但并不能帮助医生完成高精度的手术动作。（ ）

7. 部分医疗机器人进入人体后，能实现主动治疗。（ ）

8. 艾萨克·阿西莫夫所提出的机器人学定律，直到现在仍然是机器人研发者遵守的法则。（ ）

9. 与人工智能技术一样，人们在应用机器人技术时，也应该思考机器人研发和使用中的科技伦理问题。（ ）

10. 目前的机器人均形似人类，因此被称作“机器人”。（ ）

（四）简答题

1. 什么是机器人？

2. 机器人技术发展到今天，主要经历了哪些阶段，各个阶段的机器人技术有什么特点？

3. 小白的妈妈想要培养小白的创造性思维和逻辑思维，故购买了一款积木机器人，小白可以给各个模块下命令，让模块完成一些动作。请想一想，这款积木机器人属于什么机器人？这类机器人具有哪些功能？

4. 与机器人有关的影视作品中，机器人主要的用途是什么？主要应用于哪些领域？

5. 随着人工智能技术的不断发展，人们在生活中看到或用到的机器人数量越来越多，它们为人们的生活和工作带来了便利，但机器人的广泛应用也引起了人们对机器人的思考。你认为机器人技术可以为人们带来哪些好处？机器人技术的发展又会产生哪些负面影响呢？

（五）操作题

1. 近年来，机器人的类型越来越多，其中，服务机器人增长尤为明显，餐厅和咖啡馆用于送餐饮的送餐机器人、社区清洁机器人等纷纷成为人们工作和生活的得力助手。请搜集资料，了解目前机器人在各大行业的应用案例，描述该机器人的主要用途，并填入表 8-2 中。

表8-2 机器人产品的应用案例与主要用途

机器人产品	应用案例	主要用途
医疗类机器人	示例：康复机器人帮助病人恢复身体健康	示例：帮助病人进行康复训练，简单照顾病人的生活
军事类机器人		
教育类机器人		
食品类机器人		
工业类机器人		
物流类机器人		
娱乐类机器人		

2. 搜索各行各业中运用机器人从事生产或服务的视频资料，观看机器人的工作状态和工作内容，分析机器人的智能性主要是如何体现的。

3. 受虚构的文学作品的影响，有些人认为机器人应该拥有与人类相似的外形，并能够像人类一样行走和工作。试着搜索“仿人机器人”的相关资料，了解仿人机器人的研究进度、应用案例和主要用途。

四、课后总结

请回顾本项目内容，对项目知识的学习情况进行总结。

1. 学习重难点

2. 学习疑问

3. 学习体会